Aufgaben zur Kinematik und Kinetik

von
Prof. Bruno Assmann und
Prof. Dr.-Ing. Peter Selke

10., überarbeitete Auflage

Oldenbourg Verlag München

Prof. Bruno Assmann lehrte über 30 Jahre lang an der Fachhochschule Frankfurt am Main. Sein Wissen und seine Erfahrungen aus der Lehre hat er in die drei Bände zur „Technischen Mechanik" und die dazugehörigen Aufgabensammlungen einfließen lassen.

Prof. Dr.-Ing. Peter Selke lehrt seit 1992 Technische Mechanik, Maschinendynamik und Finite-Elemente-Methode an der Technischen Fachhochschule Wildau.

Bibliografische Information der Deutschen Nationalbibliothek

Die Deutsche Nationalbibliothek verzeichnet diese Publikation in der Deutschen Nationalbibliografie; detaillierte bibliografische Daten sind im Internet über <http://dnb.d-nb.de> abrufbar.

© 2009 Oldenbourg Wissenschaftsverlag GmbH
Rosenheimer Straße 145, D-81671 München
Telefon: (089) 45051-0
oldenbourg.de

Lektorat: Anton Schmid
Herstellung: Dr. Rolf Jäger
Coverentwurf: Kochan & Partner, München
Gedruckt auf säure- und chlorfreiem Papier
Druck: Grafik + Druck, München
Bindung: Thomas Buchbinderei GmbH, Augsburg

ISBN 978-3-486-58614-5

Inhaltsverzeichnis

(Zahlen in Klammern bezeichnen Abschnitte im Lehrbuch)

Vorwort

Diese Aufgabensammlung soll das Lehrbuch Band 3 (Kinematik und Kinetik) ergänzen und vertiefen. Dort sind in einer Vielzahl von Beispielen Lösungswege vorgeführt, Fragen gestellt und beantwortet und Schlussfolgerungen aus den Ergebnissen gezogen. Trotzdem ist eine zusätzliche Aufgabensammlung notwendig.

Der Lernprozess verlangt zwingend die Durcharbeitung des betreffenden Sachgebietes und damit verbunden das unabhängige Lösen von Aufgaben. Erst dabei stellen sich Fragen, die man meint geklärt zu haben. Deshalb ist es letztlich nur auf diesem Weg möglich, zu kontrollieren, ob und wie weit die Zusammenhänge verstanden wurden.

Besonders wichtig ist es, zu erkennen, dass die drei Arbeitssätze der Kinetik (Impulssatz, D'ALEMBERTsches Prinzip, Energiesatz) gleichberechtigt sind. Deshalb enthalten die entsprechenden Kapitel (6; 7; 8) z. T. gleiche Aufgaben. Die mehrfachen Abbildungsnummern sollen das Auffinden erleichtern. Die Arbeitsverfahren der Kinetik hat nur derjenige wirklich verstanden, der eine Aufgabe mit diesen drei Ansätzen lösen kann. Dabei kommen, je nach Ansatz, verschiedene Gleichungen der Kinematik zur Anwendung.

Gleichungen stellen einen physikalischen Vorgang in extrem abstrahierter Form dar. Erst die graphische Darstellung in der Form von Diagrammen ermöglicht die Vorstellung und damit das Verstehen dessen, was die Gleichungen berechenbar macht. Als Beispiel sei das Arbeiten mit den $s(t)$-, $v(t)$-, $a(t)$-Diagrammen genannt. Die Deutung von solchen Graphen ist für die Ingenieurarbeit unerlässlich.

Auch Aufgaben, für die Zahlenwerte gegeben sind, sollten zunächst allgemein gelöst werden. Die Lösungsgleichung sollte sowohl dimensionsmäßig als auch durch kritische Betrachtung auf physikalische Zusammenhänge kontrolliert werden (Beispiel: Ist es einleuchtend, dass die gesuchte Größe umgekehrt proportional zu einer Größe x ist, die im Nenner steht?). In diesem Zusammenhang sei auf das Kapitel 1 hingewiesen. Die Zahlenergebnisse im Lösungsteil sind in der Genauigkeit auf eine eindeutige Kontrolle und nicht auf technisch Sinnvolles abgestellt.

Die vorangegangene 9. Auflage wurde einer grösseren Umarbeitung unterzogen. Deshalb konnten wir uns dieses Mal auf eine allgemeine Durchsicht und Korrekturen beschränken.

Frankfurt am Main   Bruno Assmann
Berlin   Peter Selke

Verwendete Bezeichnungen

A	Amplitude	p	Druck
A	Fläche	R, r	Radius, allgemein
a	Beschleunigung	S	Seilkraft, Stabkraft
b	Dämpfungskoeffizient	s	Ortskoordinate
c	Federkonstante	T	Schwingungsdauer
D	Drall	t	Zeit
d	Durchmesser	U	Unwucht
E	Elastizitätsmodul	V	Vergrößerungsfunktion
E	Energie	v	Geschwindigkeit
e	Exzentrizität	W	Arbeit
F	Kraft	Z	Zentrifugalkraft
f	Frequenz	α	Winkelbeschleunigung
G	Gleitmodul	$\alpha, \beta, \gamma...$	Winkel, allgemein
g	Fallbeschleunigung	δ	Abklingkonstante
H, h	Höhe, allgemein	η	Abstimmungsverhältnis
I	Flächenmoment 2. Ordnung	η	Wirkungsgrad
i	Trägheitsradius	ϑ	Dämpfungsgrad
i	Übersetzungsverhältnis	Λ	Logarithmisches Dekrement
J	Massenträgheitsmoment	λ	Schubstangenverhältnis
k	Stoßzahl	μ	Reibungszahl
L, l	Länge, allgemein	ρ	Dichte
M	Moment	φ	Phasenverschiebungswinkel
m	Masse	φ	Winkel bei Verdrehung
n	Drehzahl	ω	Winkelgeschwindigkeit, Kreisfrequenz
P	Leistung		

Indizes

0	Ruhezustand	pot	potentiell
A	Ausgleichsmasse	R	Reibung
A, B, D ...	verschiedene Massen, Punkte usw.	R	Resonanz
Cor	CORIOLIS	r	radial
D	Dämpfer	r	Rückstellkraft/-moment
d	gedämpft	red	reduziert
e	erregt	rel	relativ
ers	Ersatz	S	Schwerpunkt
ext	extrem	S	Seil
F	Feder	St	Stoß
F	Krafteinleitungsstelle	stat	statisch
f	Führung	T	Trägheit
G	Gewicht	t	Tangentialrichtung
K	kritisch	t	Torsion
k	kinetisch	v	vertikal
m	Mittelwert	x, y, z	bezogen auf die so bezeichneten Achsen
max	maximal	Z	zentrifugal
min	minimal	ξ, η	bezogen auf die so bezeichneten Achsen
n	Normalrichtung	φ	Umfangsrichtung

1 Einführung

Der angehende Ingenieur sollte sich möglichst früh das exakte und systematische Arbeiten beim Lösen einer technischen Aufgabe aneignen. Dadurch werden Fehler vermieden und Kontrollen werden viel leichter, auch von anderen Personen durchführbar. Nachfolgend sollen dafür einige Hinweise gegeben werden, die, sinngemäß angewendet, für alle technischen Aufgaben gelten.

Es ist zunächst zweckmäßig, die gegebenen und gesuchten Werte zusammenzustellen. Danach richtet sich die Wahl des günstigsten Lösungsweges (z. B. Impulssatz oder Energiesatz usw.). Nach diesen Überlegungen soll eine dem Lösungsverfahren angepasste Skizze angefertigt werden. Diese sollte in den Proportionen möglichst genau und genügend groß sein. Kräfte, Momente, Geschwindigkeiten und Beschleunigungen werden möglichst im richtigen Wirkungssinn eingetragen. Die Verwendung mehrerer Farben wird empfohlen. Auf die Bedeutung einer guten Skizze für die Lösung einer Aufgabe wird besonders dringend hingewiesen.

Die verwendeten Gleichungen sollen auf jeden Fall zunächst in allgemeiner Form hingeschrieben werden. Zur besseren Kontrolle wird, ohne Zusammenfassung, jeder einzelne Wert eingesetzt, z. B.

$$v = \sqrt{2g \cdot H + v_0^2} = \sqrt{2 \cdot 9{,}81 \cdot 2 \, \frac{\mathrm{m}^2}{\mathrm{s}^2} + 5{,}0^2 \, \frac{\mathrm{m}^2}{\mathrm{s}^2}}$$
$$v = 8{,}01 \, \frac{\mathrm{m}}{\mathrm{s}} \,.$$

Es sollte, so weit wie möglich, mit allgemeinen Größen gearbeitet werden. Zahlenwerte sollen erst eingesetzt werden, wenn die Ausgangsgleichung nach der gesuchten Größe aufgelöst ist.

Beispiel

anstatt

$$v = \sqrt{2g \cdot H}$$
$$20{,}0 = \sqrt{19{,}62 \cdot H}$$
$$400 = 19{,}62 H$$
$$H = \frac{400}{19{,}62}$$
$$H = 20{,}4 \, \mathrm{m}$$

besser

$$v = \sqrt{2g \cdot H} \,,$$
$$H = \frac{v^2}{2g} \,,$$
$$H = \frac{20^2}{2 \cdot 9{,}81} \, \frac{\mathrm{m}^2 \cdot \mathrm{s}^2}{\mathrm{s}^2 \cdot \mathrm{m}} \,,$$
$$H = 20{,}4 \, \mathrm{m} \,.$$

Bei dem links gezeigten Weg ist bereits in der zweiten Zeile eine Dimensionskontrolle nicht mehr möglich. Diese soll unbedingt vor Einsetzen der Zahlenwerte durchgeführt werden. Es sollte bei der Ausarbeitung der Lösung kein Schritt übersprungen werden, einzelne Schritte sind u. U. durch kurze Bemerkungen zu erläutern.

Werden z. B. komplizierte Bewegungsabläufe durch Gleichungen dargestellt, dann ist es weder zweckmäßig noch üblich, alle Einheiten mitzuschreiben. Die Einheiten müssen aber am besten in Form einer Tabelle sowohl im Ansatz als auch bei Ergebnissen in allgemeiner Form aufgeführt sein (Zahlenwertgleichungen DIN 1313).

Beispiel

$$s = 2{,}5t^3 - 11{,}0t^2 + 5t\,, \qquad \begin{array}{c|c} s & t \\ \hline \mathrm{m} & \mathrm{s} \end{array}$$

daraus z. B.

$$v = \frac{\mathrm{d}s}{\mathrm{d}t} = 7{,}5 \cdot t^2 - 22{,}0t + 5\,. \qquad \begin{array}{c|c} v & t \\ \hline \mathrm{m/s} & \mathrm{s} \end{array}$$

Ist aus der Aufgabe der Wirkungssinn nicht eindeutig erkennbar, dann muss bei Geschwindigkeiten, Beschleunigungen, Kräften neben dem Betrag auch die Richtung angegeben werden,

$$v_x = -12{,}5 \ \mathrm{m/s} \quad (\leftarrow)\,.$$

Für Vektoren senkrecht zur Zeichenebene benutzt man

$\odot$ aus der Ebene herausragend,
$\oplus$ in die Ebene hineinragend.

Oft führen im Prinzip einfache Umrechnungen in andere Einheiten zu Fehlern. Aus diesem Grunde soll zu der Rechentechnik bei solchen Umrechnungen etwas ausgeführt werden.

Beispiel $\omega^2 = \dfrac{G \cdot I}{l \cdot J}$

G Gleitmodul, nach Normen empfohlene Einheiten $\mathrm{MN/m^2} = \mathrm{N/mm^2}$
I Flächenträgheitsmoment, lt. Normen in $\mathrm{cm^4}$ gegeben
J Massenträgheitsmoment in $\mathrm{kg\,m^2}$
l Länge, je nach Arbeitsgebiet m, cm, mm

$$G = 8 \cdot 10^4\,\mathrm{N/mm^2} \quad J = 10\,\mathrm{kg\,m^2} \quad I = 100\,\mathrm{cm^4} \quad l = 1\,\mathrm{m}$$

$$\omega^2 = \frac{8 \cdot 10^4\,\mathrm{N}}{\mathrm{mm^2}} \cdot \frac{10^2\,\mathrm{cm^4}}{1\,\mathrm{m} \cdot 10\,\mathrm{kg\,m^2}}$$

Für unübersichtliche Ausdrücke empfiehlt es sich, die Einheiten zusammenzufassen, wobei N auf die Grundeinheiten zurückgeführt wird.

$$\omega^2 = 8 \cdot 10^5 \, \frac{\mathrm{kg\,m\,cm^4}}{\mathrm{s^2\,mm^2 \cdot m \cdot kg\,m^2}}$$

Für die weitere Zahlenrechnung muss auf eine gemeinsame Längeneinheit umgerechnet werden. Vorher können $\mathrm{kg\,m}$ gekürzt werden. Es soll hier alles auf cm umgerechnet werden. Im Nenner stehen $\mathrm{mm^2}$, es sollen $\mathrm{cm^2}$ stehen. Man multipliziert deshalb mit $\mathrm{mm^2}$ und dividiert durch $\mathrm{cm^2}$. Das Verhältnis $\mathrm{mm^2/cm^2}$ ist nicht 1, sondern $100\,\mathrm{mm^2} = 1\,\mathrm{cm^2}$ oder $100\,\mathrm{mm^2}/1\,\mathrm{cm^2}$. Entsprechend verfährt man mit m. Man erhält so

$$\omega^2 = 8 \cdot 10^5 \, \frac{\mathrm{cm^4}}{\mathrm{s^2 \cdot mm^2 \cdot m^2}} \cdot \frac{100\,\mathrm{mm^2}}{1\,\mathrm{cm^2}} \cdot \frac{1\,\mathrm{m^2}}{10^4\,\mathrm{cm^2}}$$

$$\omega^2 = 8 \cdot 10^3\,\mathrm{s^{-2}}$$

Bei einer graphischen Lösung soll die Zeichnung wegen der notwendigen Genauigkeit nicht zu klein ausgeführt werden. Die Maßstäbe müssen eindeutig angegeben sein. Die Ergebnisse sollen getrennt herausgeschrieben werden.

Ein Ergebnis muss immer kritisch und mit gesundem Menschenverstand daraufhin untersucht werden, ob es überhaupt technisch möglich ist. Zur Kontrolle sollten nach Möglichkeit die errechneten Werte in noch nicht benutzte Gleichungen eingesetzt werden. Auch ist manchmal eine Kontrolle durch eine andere Lösungsmethode möglich.

Allgemeine Hinweise:
Falls nichts Gegenteiliges in den Aufgaben formuliert ist, gilt:

1. Die Längenänderung von Seilen, Bändern usw. ist vernachlässigbar klein,

2. die Seile laufen ohne zu gleiten auf Trommeln bzw. Rollen,

3. die Abrollbewegungen erfolgen ohne Gleitung,

4. Lager, Gelenke usw. arbeiten reibungsfrei,

5. Geschwindigkeiten, Winkelgeschwindigkeiten und Drehzahlen sind konstant.

Im Maschinenbau gilt:
Längenangaben in Zeichnungen in mm ohne die Angabe mm.

2 Die geradlinige Bewegung des Punktes

Die Bewegung mit konstanter Geschwindigkeit (2.2)

2-1 Zwei Teile werden nach Skizze mit Kettenförderern von den Punkten A und B zur Montagestelle M transportiert. Beide Teile sollen gleichzeitig im Punkt M eintreffen. Der Transport erfolgt mit konstanten, jedoch unterschiedlichen Geschwindigkeiten v_A und v_B. Zu bestimmen sind

a) die allgemeine Gleichung für die notwendige Differenz der Startzeiten,

b) die Bewegungsgleichungen für A und B,

c) die Auswertung von a) und b) für $v_A = 1{,}25\,\text{m/s}$; $v_B = 2{,}00\,\text{m/s}$; $l_A = 200\,\text{m}$; $l_B = 140\,\text{m}$ und die Bestimmung der Laufzeit beider Teile,

d) die Darstellung des Vorgangs im s-t-Diagramm.

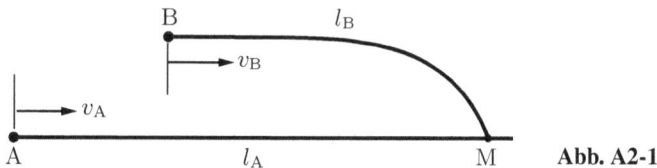

Abb. A2-1

2-2 Ein PKW A startet z. Z. $t = 0$ auf der Autobahn und fährt mit konstanter Geschwindigkeit v_A. Um Δt später startet ein PKW B vom gleichen Ort mit einer konstanten, höheren Geschwindigkeit v_B. Zu bestimmen sind:

a) die Bewegungsgleichungen für A und B in allgemeiner Form,

b) die Bestimmungsgleichungen für Ort und Zeitpunkt des Einholvorganges in Abhängigkeit von den gegebenen Werten,

c) die Auswertung der Gleichungen für $v_A = 110\,\text{km/h}$; $v_B = 130\,\text{km/h}$; $\Delta t = 15\,\text{min}$,

d) die Darstellung des Vorganges im s-t-Diagramm.

2-3 Ein PKW A startet mit beginnender Zeitzählung von einem Ort I und fährt auf der Autobahn mit konstanter Geschwindigkeit. Von einem Ort II, der entgegengesetzt zur Fahrtrichtung auf dieser Strecke liegt, startet Δt später ein PKW B in gleicher Richtung. PKW B soll A mindestens an der Stelle III einholen (s. Skizze). Zu bestimmen sind:

a) die Bewegungsgleichungen von A und B, wobei die Koordinate s von I aus gemessen wird,

b) eine allgemeine Bestimmungsgleichung für $v_{B\,min}$,

c) die Auswertung von a) und b) für $\Delta t = 10{,}0\,min$; $v_A = 100\,km/h$; $l = 20\,km$; $e = 100\,km$,

d) die Darstellung des Vorganges im s-t-Diagramm.

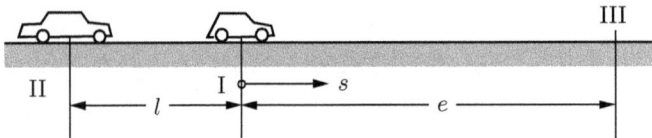

$$\text{Abb. A2-3}$$

2-4   In einer Montagehalle sind zwei gleich lange, parallele Kettenförderer montiert, die jeweils einen geschlossenen Kreislauf der Länge L bilden. Nach welcher Zeit und nach welcher zurückgelegten Wegstrecke sind zwei Förderkörbe wieder nebeneinander? Diese Frage ist für Gleich- und Gegenlauf in allgemeiner Form und für die angegebenen Werte zu beantworten.

$$v_A = 2{,}0\,m/s; \quad v_B = 1{,}60\,m/s; \quad L = 300\,m\,.$$

2-5   Zwei Kettenförderer kreuzen nach Skizze ihre Bahn und bewegen sich mit den konstanten Geschwindigkeiten v_A und v_B. Für die Körbe A und B, die sich gleichzeitig im Kreuzungspunkt 0 befinden, ist eine Gleichung aufzustellen

a) für die Berechnung der Entfernung AB in Abhängigkeit von der Zeit t,

b) für die Größe der Relativgeschwindigkeit, mit der sich die Körbe voneinander entfernen.

Diese Gleichungen sollen für $v_A = 0{,}35\,m/s$; $v_B = 0{,}40\,m/s$ und $t = 25\,s$ ausgewertet werden.

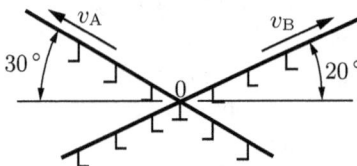

$$\text{Abb. A2-5}$$

2-6   Der abgebildete Flaschenzug hebt die Last auf einer Strecke s_1 mit der Geschwindigkeit v_1, danach mit v_2. Für eine Hubhöhe h sind zu bestimmen

a) die Bewegungsgleichungen für das Seil,

$$\text{Abb. A2-6/18}$$

b) die Diagramme $v(t)$ und $s(t)$.

$s_1 = 0{,}50\,\text{m}; \quad h = 10{,}0\,\text{m};$

$v_1 = 0{,}10\,\text{m}; \quad v_2 = 0{,}60\,\text{m}.$

Beschleunigungsvorgänge werden nicht berücksichtigt.

2-7　In dem abgebildeten System wickelt die Trommel A das Seil mit konstanter Geschwindigkeit v_A auf, die Trommel B wickelt das Seil mit konstanter Geschwindigkeit v_B ab. Zu bestimmen sind:

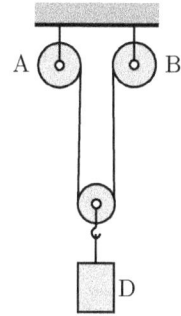

a) die Bewegungsgleichungen für die Last D,
b) die Auswertung von a) für $v_A = 4{,}0\,\text{m/s}; v_B = 3{,}0\,\text{m/s}$,
c) die Lage und Geschwindigkeit für D zum Zeitpunkt $t = 5{,}0\,\text{s}$, wenn z. Z. $t = 0\ s = 0$ ist.

2-8　Das abgebildete System bewegt sich nach folgendem Zeitplan: zunächst wickelt die Trommel A das Seil mit $v_A =$ konst. ab. Nach einer Zeit Δt vom Beginn der Zeitzählung setzt die Drehung der Trommel B ein, wobei das Seil mit $v_B =$ konst. aufgewickelt wird. Zu bestimmen sind:

Abb. A2-7/8

a) die Bewegungsgleichungen für die Last D,
b) die Auswertung für $v_A = 5{,}0\,\text{m/s}; v_B = 3{,}0\,\text{m/s}; \Delta t = 5{,}0\,\text{s}$,
c) die Lage und Geschwindigkeit von D zum Zeitpunkt $t = 10{,}0\,\text{s}$,
d) die Darstellung im v-t-; s-t-Diagramm.

Beschleunigungsvorgänge werden nicht betrachtet.

Die Bewegung mit konstanter Beschleunigung (2.3)

2-9　Ein Kraftwagen beschleunigt von Ruhe aus mit einer konstant angenommenen Beschleunigung (Mittelwert) und fährt danach mit konstanter Geschwindigkeit v_e. Zu bestimmen sind

a) die Gleichungen $a(t)$, $v(t)$, $s(t)$ allgemein und für die gegebenen Daten,
b) die Beschleunigungszeit t_e und -strecke s_e,
c) Die Diagramme $a(t)$, $v(t)$, $s(t)$.

$a = 4{,}0\,\text{m/s}^2; \quad v_e = 32{,}0\,\text{m/s}.$

2-10　Der Bremsvorgang eines PKW soll für verschiedene Bedingungen kinematisch untersucht werden. Die konstant (Mittelwert) angenommenen Bremsverzögerungen betragen für extrem günstige Bedingungen $a \approx 9\,\text{m/s}^2$, für mittlere Bedingungen $a \approx 4\,\text{m/s}^2$ und sehr ungünstige Bedingungen (Eis) $a \approx 1\,\text{m/s}^2$. Für diese Verzögerungen und für eine Reaktionszeit Δt von $0{,}8\,\text{s}$ ist der Weg

zu berechnen, der einschließlich der Reaktionszeit bis zum Stillstand zurückgelegt wird. Dieser Weg ist in Abhängigkeit von der Fahrgeschwindigkeit
bis $v_{max} = 160\,\text{km/h}$ aufzutragen. Es sind exemplarisch für $v_0 = 120\,\text{km/h}$,
$a = -4{,}0\,\text{m/s}^2$ die s-t-, v-t- und a-t-Diagramme zu zeichnen und die Bewegungsgleichungen aufzustellen. Die Lösung soll auch nach dem FÖPPLschen
Verfahren erfolgen.

2-11   Für Kraftfahrzeuge auf der Autobahn gilt der 2-Sekunden-Abstand bei normalen Fahrbedingungen in Bezug auf Bremswege als ausreichend. Diese Vorgabe
soll kinematisch näher untersucht werden. Ein Fahrer, der zu seinem Vordermann gerade den 2 s-Abstand einhält, beobachtet das Aufleuchten der Bremslichter und bremst selber nach einer Reaktionszeit Δt bis zum Stillstand. Es ist
für die Geschwindigkeiten von 80 bis $180\,\text{km/h}$ zu untersuchen, unter welchen
Umständen der 2 s-Abstand als Bremsweg ausreicht. Dazu ist der Bremsweg
zu berechnen, den der Vordermann mindestens bis zum Stillstand zurücklegen
muss, damit kein Auffahrunfall passiert. Die Untersuchung soll für eine Verzögerung von $8\,\text{m/s}^2$ und eine Reaktionszeit von $1{,}0\,\text{s}$ durchgeführt werden.
Die notwendigen Bremswege des Vordermannes sind über der Fahrgeschwin-
digkeit vor der Bremsung v aufzutragen. Das Diagramm ist zu diskutieren.

2-12   Skizziert ist eine Autobahnauffahrt, auf die der Wagen A unter Missach-
tung der Vorfahrt einfährt. Die Skizze gilt z. Z. $t = 0$, wobei die Werte
$v_{0A} = 15\,\text{m/s}$; $v_{0B} = 45\,\text{m/s}$ gegeben sind. Der Wagen A versucht einen möglichen Auffahrunfall durch Beschleunigung ($a_A = 2{,}5\,\text{m/s}^2$), Wagen B durch
Bremsung ($a_B = 6{,}0\,\text{m/s}^2$) zu vermeiden. Dieser Vorgang ist kinematisch zu
untersuchen. Dazu sollen für A und B die Bewegungsgleichungen aufgestellt
und der Vorgang soll in den s-t-; v-t-; a-t-Diagrammen dargestellt werden,
wobei folgendes ermittelt werden soll

a)   der Mindestabstand z. Z. $t = 0$ für Vermeidung eines Unfalls,

b)   der Abstand AB z. Z. $t = 0$ beträgt $40\,\text{m}$. Nach welcher Zeit, an welchem
Ort mit welcher Relativgeschwindigkeit fahren beide Wagen ineinander?

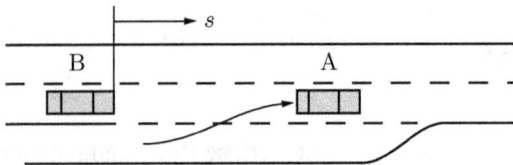

Abb. A2-12

2-13   Zwei PKW fahren hintereinander im Abstand von $20\,\text{m}$ mit $v = 80\,\text{km/h}$. Der
zweite Wagen (A) überholt und fährt nach dem Überholvorgang mit $80\,\text{km/h}$
in $20\,\text{m}$ Abstand vor dem überholten Wagen (B). Die Wagenlänge von B

beträgt $5\,\text{m}$. Während des Überholvorganges wurde die Geschwindigkeitsbegrenzung von $v = 100\,\text{km/h}$ nicht überschritten, die Beschleunigung betrug $1{,}5\,\text{m/s}^2$, die Verzögerung $2{,}0\,\text{m/s}^2$. Zu bestimmen sind:

a) die Zeit für den Überholvorgang,

b) die während dieser Zeit von A und B zurückgelegten Wege.

2-14 Zwei PKW A und B fahren im Abstand von $20\,\text{m}$ mit $130\,\text{km/h}$ auf der Autobahn. Fahrer A erblickt in $100\,\text{m}$ Abstand einen quergestellten Lastzug und beginnt nach einer Reaktionszeit – schließt Ansprechzeit der Bremsen ein – von $1\,\text{s}$ mit $3{,}5\,\text{m/s}^2$ zu bremsen. Fahrer B bremst $0{,}8\,\text{s}$ nach Aufleuchten der Bremslichter von A mit $5{,}5\,\text{m/s}^2$, d. h. $1{,}8\,\text{s}$, nachdem A das Hindernis gesehen hat, voll durch. Mit welcher Geschwindigkeit fahren A und B auf das Hindernis auf? (Wagenlänge von A vernachlässigen).

2-15 Zwei PKW A und B fahren beide mit $140\,\text{km/h}$ hintereinander auf der Autobahn. Wagen A muss bis zum Stillstand bremsen, wobei die Verzögerung $4{,}0\,\text{m/s}^2$ beträgt. Fahrer B bremst mit gleicher Verzögerung nach einer Reaktionszeit von $0{,}8\,\text{s}$. Wie groß muss der Mindestabstand sein, wenn kein Auffahrunfall entstehen soll? Mit welcher Relativgeschwindigkeit fährt B auf und wie groß ist dabei v_A, wenn der Abstand vor dem Bremsen $s = 10$ bzw. $20\,\text{m}$ betrug?

2-16 Mit einem Testwagen wird eine Messstrecke einmal mit stehendem, einmal mit fliegendem Start durchfahren. In beiden Fällen wird der Wagen voll ausgefahren, d. h. es wird die gleiche Endgeschwindigkeit erreicht. In Abhängigkeit von der gemessenen Zeitdifferenz Δt beider Läufe und der Endgeschwindigkeit v ist die mittlere Beschleunigung des Wagens zu bestimmen.

2-17 Ein Mann steht unter einer schwebenden Last und beobachtet, wie sich diese löst und herunterfällt. Er selber springt nach einer Reaktionszeit von $\Delta t \approx 1\,\text{s}$ weg. Die mittlere Beschleunigung hängt dabei von den Reibungsverhältnissen zwischen Schuhsohle und Boden ab. Sie dürfte für glatte Sohle auf ölverschmiertem Boden ca. $1\,\text{m/s}^2$ ($\mu \approx 0{,}1$), für Profilsohle auf trockenem Boden ca. $8\,\text{m/s}^2$ ($\mu \approx 0{,}8$) betragen. Die Gesamtbreite der Last in Fluchtrichtung betrage $b = 4{,}0\,\text{m}$. Für diese Randbedingungen ist zu untersuchen, ob bzw. unter welchen Umständen (z. B. Höhe h) der Mann eine Chance hat zu entkommen, wenn er sich vorher unter der Mitte der Last aufgehalten hat.

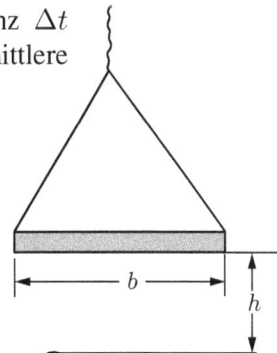

Abb. A2-17

2-18   An dem Flaschenzug Abb. A2-6 wird das Seil nach folgendem Programm von einer Winde aufgewickelt (Bewegung von Ruhe aus)

$$0 \text{ s bis } 2{,}0\,\text{s} \qquad a = 0{,}50\,\text{m/s}^2$$
$$2{,}0\,\text{s bis } 10{,}0\,\text{s} \qquad a = 0$$
$$10{,}0\,\text{s bis Stillstand} \qquad a = -0{,}30\,\text{m/s}^2$$

Aufzustellen sind die Bewegungsgleichungen für die Last im gleichen Zeitmaßstab für alle Zeitabschnitte. Wie hoch wurde die Last insgesamt gehoben? Welche Zeit ist bis zur Erreichung der maximalen Höhe vergangen? Wie groß ist die maximale Geschwindigkeit?

2-19   Ein Objekt bewegt sich vom Nullpunkt und von Ruhe aus so, dass es gleichmäßig beschleunigt nach $100\,\text{m}$ eine Geschwindigkeit von $20{,}0\,\text{m/s}$ erreicht. In diesem Zeitpunkt setzt eine konstante Verzögerung von $4{,}0\,\text{m/s}^2$ ein, die das Objekt bis zum Stillstand abbremst. Es sind die Gleichungen $a(t)$; $v(t)$; $s(t)$ für eine einheitliche Zeitkoordinate aufzustellen. Die Diagramme $a(t)$; $v(t)$; $s(t)$ und $v(s)$ sind zu zeichnen.

2-20   Im skizzierten System laufen die Trommeln A und B gegenläufig so, dass die Masse D herabgelassen wird. Welche Bedingung müssen die Seilbeschleunigungen an beiden Trommeln erfüllen, wenn das Seil gespannt bleiben soll?

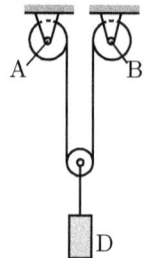

2-21   Gegeben ist das skizzierte System, das aus den beiden Trommeln A und B und der losen Rolle mit der Masse D besteht. Zunächst ist das System in Ruhe. Zur Zeit $t = 0$ setzt die Drehung der Trommel A im Uhrzeigersinn ein. Das Seil wird mit konstanter Beschleunigung abgewickelt und erreicht nach $4{,}0\,\text{s}$ eine Geschwindigkeit von $4{,}0\,\text{m/s}$. Nach diesen $4{,}0\,\text{s}$ bleibt diese Geschwindigkeit konstant. Gleichzeitig ($t = 4{,}0\,\text{s}$) setzt die Drehung der Trommel B im Uhrzeigersinn ein. Dabei beträgt die Seilbeschleunigung an der Trommel $2{,}0\,\text{m/s}^2$. Dieser Beschleunigungsvorgang dauert $6{,}0\,\text{s}$, danach bleibt die Geschwindigkeit konstant. Wo befindet sich die Masse D nach $12{,}0\,\text{s}$ und wie ist der Bewegungszustand?

Abb. A2-20/21

2-22   Skizziert ist das Schema eines Windwerkes mit den Massen A und B. Die Masse A wird von Ruhe aus beschleunigt abgelassen. Für die Daten sind zu bestimmen

a) die Zeit bis zum Aufsetzen,
b) die Aufsetzgeschwindigkeit,
c) für den Zeitpunkt vor dem Aufsetzen die Relativgeschwindigkeit zwischen A und B.
    Windenseil $a = 1{,}0\,\text{m/s}^2$; $\quad h = 5{,}0\,\text{m}$.

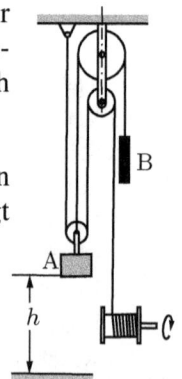

Abb. A2-22/23/24
A8-4

2-23 Die skizzierte Winde soll die Last A in minimaler Zeit vom Boden auf eine Höhe h heben. Das Windenseil wird mit a_1 beschleunigt und mit a_2 gebremst. Zu bestimmen sind

    a) die Zeit t_{min},

    b) die erreichte Geschwindigkeit v_{max},

    c) Auswertung für $h = 10{,}0\,\text{m}$; $a_1 = 2{,}0\,\text{m/s}^2$; $a_2 = 3{,}0\,\text{m/s}^2$.

Die ungleichförmige beschleunigte Bewegung (2.4)

2-24 Die Masse A wird mit der skizzierten Winde mit der Geschwindigkeit v_0 abgelassen. Die Last soll mit $v \approx 0$ (Zeitpunkt t_a) aufgesetzt werden. Die Verzögerung setzt mit a_0 ein ($t = 0$) und geht linear auf Null z. Z. t_a. Zu bestimmen sind

    a) die Gleichungen $a(t)$, $v(t)$, $s(t)$,

    b) die Aufsetzzeit t_a,

    c) die Höhe h, in der die Bremsung einsetzen muss,

    d) die Auswertung für $v_0 = 4{,}0\,\text{m/s}$ und Verzögerung von $2{,}0\,\text{m/s}^2$.

2-25 Die Beschleunigung eines Punktes nimmt linear von $a_0 = 3{,}0\,\text{m/s}^2$ ($t = 0$) in $4{,}0\,\text{s}$ auf Null ab und ändert sich gleichsinnig weiter ($a < 0$). Zur Zeit $t = 0$ beginnt die Wegmessung und nach $t = 1{,}0\,\text{s}$ erreicht der Punkt eine Geschwindigkeit von $v = 3{,}0\,\text{m/s}$. Zu bestimmen sind

    a) $s(t)$; $v(t)$; $a(t)$ mit Diagrammen,

    b) wann und in welcher Entfernung vom Ausgangspunkt kommt der Punkt zur Ruhe?

    c) nach welcher Zeit und mit welcher Geschwindigkeit passiert der Punkt wieder den Ausgangspunkt?

2-26 Ein Bewegungsvorgang wird von v_0 ausgehend auf einem Weg e bis zum Stillstand abgebremst. Dabei nimmt die Verzögerung von Null ausgehend linear mit dem Weg zu. Diese Verzögerungscharakteristik verursacht ein elastisches Element, z. B. eine Stahlfeder, die eine bewegte Masse auffängt. In allgemeiner Form sind die Gleichungen $a(s)$ und $v(s)$ aufzustellen. Diese sind für $v_0 = 1{,}0\,\text{m/s}$ und $e = 10\,\text{mm}$ auszuwerten und in Diagrammen darzustellen.

2-27 Ein Punkt bewegt sich beschleunigt, wobei die Beschleunigung proportional zur Zeit t ist. Bei Beginn der Zeitzählung befindet sich der Punkt auf der negativen Seite in $5{,}0\,\text{m}$ Entfernung vom Nullpunkt und bewegt sich mit $v_0 = 8{,}0\,\text{m/s}$ auf diesen zu. Nach $2{,}0\,\text{s}$ hat der Punkt eine Geschwindigkeit von $16{,}0\,\text{m/s}$ erreicht, wobei er gerade den Nullpunkt passiert.

Zu bestimmen sind

a) die Gleichungen $s(t)$; $v(t)$; $a(t)$,

b) die Lage und der Bewegungszustand des Punktes nach $t = 3{,}0\,\mathrm{s}$.

2-28 Es soll der Anfahrvorgang eines Wagens näherungsweise in Bewegungsglei-
chungen erfasst werden. Die Beschleunigung sinkt in Abhängigkeit von der
Zeit vom Wert $a_0 = 4{,}0\,\mathrm{m/s^2}$. Diese Abnahme erfolgt etwa proportional $\sqrt{t}$.
Der Wagen erreicht nach $t = 12{,}0\,\mathrm{s}$ eine Geschwindigkeit von $v = 100\,\mathrm{km/h}$.
Zu bestimmen sind die Gleichungen $s(t)$; $v(t)$; $a(t)$.

2-29 Ausgegangen wird von dem abgebildeten
(a-t)-Diagramm, das eine quadratische Pa-
rabel darstellt. Zu bestimmen sind

a) in allgemeiner Form die Gleichungen
   $a(t)$; $v(t)$; $s(t)$,

b) diese Gleichungen für $a_{\max} = 2{,}50\,\mathrm{m/s^2}$,
   $t_e = 10{,}0\,\mathrm{s}$ und die Bedingungen
   $v = -4{,}0\,\mathrm{m/s}$ bei $t = 3{,}0\,\mathrm{s}$ und $s = 10{,}0\,\mathrm{m}$ bei $t = 2{,}0\,\mathrm{s}$,

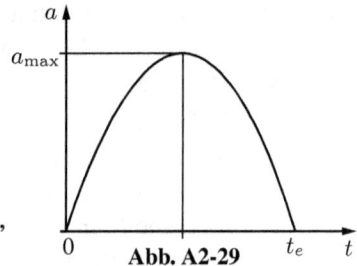

Abb. A2-29

c) die Diagramme für b),

d) der Zeitpunkt und die Lage eines möglichen Umkehrpunktes,

e) der Bewegungszustand z. Z. $t = 2{,}0\,\mathrm{s}$.

2-30 Die Bewegung eines Punktes ist durch die gegebene
v-t-Kurve beschrieben. Die Wegmessung beginnt
bei $t = 0$. Zu bestimmen sind

a) in allgemeiner Form die Gleichungen $a(t)$; $v(t)$; $s(t)$,

b) der Zeitpunkt und Ort der Bewegungsumkehr.

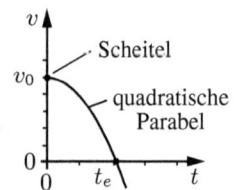

Abb. A2-30

2-31 Eine gedämpfte Schwingung (s. Abschnitt 9.2) ist durch
folgende Gleichung gegeben:

$$y = \frac{1}{20}\, e^{-0,2t} \cdot \cos 2t \qquad \begin{array}{c|c} t & y \\ \hline \mathrm{s} & \mathrm{m} \end{array}$$

Abzuleiten sind die Gleichungen für v_y und a_y.

2-32 In dem skizzierten System wird die Rolle A vom
Punkt 0 ausgehend mit $a_x = \mathrm{konst.}$ bewegt ($t = 0$;
$v_0 = 0$; $x = 0$). Die Seillänge L beträgt $2h$. Zu
bestimmen sind

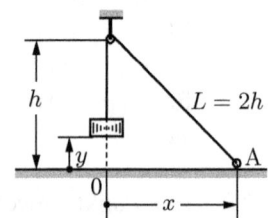

Abb. A2-32/33

a) in allgemeiner Form die Bewegungsgleichungen der Last $y(t)$; $v_y(t)$; $a_y(t)$,

b) für $h = 4{,}0\,\mathrm{m}$, Seillänge $L = 8{,}0\,\mathrm{m}$ und $a_x = 1{,}0\,\mathrm{m/s^2}$ ist die Zeit zu
   berechnen, die notwendig ist, um die Last $3{,}0\,\mathrm{m}$ zu heben.

2-33 Für das skizzierte System sind folgende Werte gegeben: $h = 4{,}0\,\text{m}$; $L = 8{,}0\,\text{m}$; $x = 3{,}0\,\text{m}$. In dieser Lage bewegt sich die Rolle A mit $v_x = 2{,}0\,\text{m/s}$ und $a_x = 1{,}5\,\text{m/s}^2$ nach rechts. Zu bestimmen sind Lage und Bewegungszustand der Last.

2-34 Bei der Bewegung eines Punktes nimmt die Geschwindigkeit von $v_0 = 3{,}0\,\text{m/s}$ ($t = 0$) linear mit dem Weg zu und erreicht nach $100\,\text{m}$ den Wert $v = 7{,}0\,\text{m/s}$. Zu bestimmen sind

a) die Gleichungen $s(t)$; $v(t)$; $a(t)$,

b) Lage und Bewegungszustand nach $t = 10{,}0\,\text{s}$,

c) die Zeit für $s = 100\,\text{m}$.

2-35 Wird eine horizontal bewegte Masse von einem Ölstoßdämpfer aufgefangen, gilt für den Bremsvorgang in erster Näherung folgendes Gesetz: Die Geschwindigkeit nimmt von der Auftreffgeschwindigkeit v_0 ausgehend linear mit dem Weg ab. Im Stillstand ist der Stoßdämpfer am Ende des Vorganges um s_0 zusammengedrückt. Zu bestimmen sind

a) die Gleichungen $a(t)$; $v(t)$; $s(t)$,

b) die Anfangsverzögerung.

2-36 Die Beschleunigung beim freien Fall mit Luftwiderstand hängt von der Fallgeschwindigkeit nach folgender Gleichung ab: $a = g(1 - kv^2)$. Dabei ist ein quadratisches Widerstandsgesetz vorausgesetzt. Die Konstante k hängt von der Masse, der Größe und Form des fallenden Körpers und von der Dichte der Luft ab. Aufzustellen sind die Gleichungen $s(t)$; $v(t)$; $v(s)$; $a(t)$ und $a(s)$.

2-37 Ein Punkt befindet sich am Nullpunkt zunächst in Ruhe. Die mit a_0 einsetzende Beschleunigung ($t = 0$) nimmt linear mit dem Weg ab und erreicht bei s_1 den Wert Null, ändert sich darüber hinaus jedoch gleichsinnig weiter ($a < 0$). Zu bestimmen sind in allgemeiner Form

a) die Funktion $v(s)$,

b) die maximale Geschwindigkeit,

c) nach welcher Strecke kehrt der Punkt um?

2-38 Eine harmonische Schwingung (s. Kapitel 9) erfolgt um die Ruhelage (Koordinatenursprung $s = 0$). Bei dieser Bewegung ist der Beschleunigungsvektor immer zur Nullage gerichtet. Die Größe der Beschleunigung ist proportional zum Abstand s, da sie von der Federkraft abhängt. Diese Überlegungen führen auf die Gleichung $a = -k \cdot s$ (k = Proportionalitätskonstante). Zu bestimmen sind die Funktionen $v(s)$; $s(t)$; $v(t)$; $a(t)$.

2-39 Für einen Bewegungsablauf sind Beschleunigung und Geschwindigkeit umgekehrt proportional. Für die Randbedingungen $t = 0$, $s = 0$, $v = v_0$ sind folgende Gleichungen aufzustellen: $s(t)$; $v(t)$; $a(t)$; $v(s)$.

2-40 Bei einem Beschleunigungsversuch eines Wagens werden in Abhängigkeit von der Zeit die Beschleunigungen gemessen. Die Messwerte ergeben das abgebildete Diagramm. Der Kurvenverlauf wird durch zwei Geraden ersetzt. Mit dem FÖPPLschen Verfahren sollen die Gleichungen $a(t)$; $v(t)$; $s(t)$ aufgestellt werden. Die Diagramme $v(t)$ und $s(t)$ sind zu zeichnen.

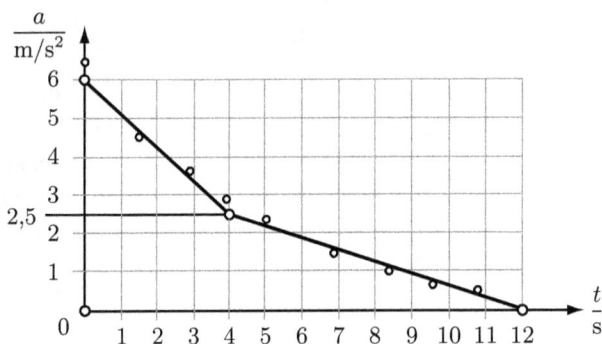

Abb. A2-40

2-41 Die Abbildung zeigt das Detail eines in einem Fahrversuch ermittelten Diagramms. Im Zeitpunkt $t = 1{,}0\,$s befindet sich der Wagen $5{,}0\,$m links von der 0-Marke und bewegt sich auf diese zu. Zu bestimmen sind Lage und Bewegungszustand des Wagens im Zeitpunkt $t = 3{,}0\,$s.

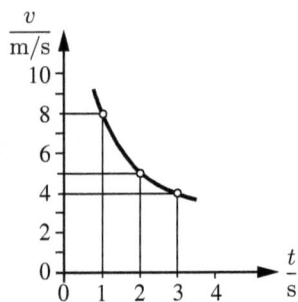

Abb. A2-41

3 Die krummlinige Bewegung des Punktes

3-1 Ein Punkt bewegt sich mit konstanter Geschwindigkeit v_0 auf einer Kreisbahn mit dem Radius r entgegengesetzt dem Uhrzeigersinn. Aufzustellen sind die Gleichungen für die Komponenten der Geschwindigkeit und Beschleunigung in x- und y-Richtung für ein Koordinatensystem, das im Zentrum des Kreises liegt.

3-2 Skizziert ist eine Kreuzschleife. Der Bolzen B läuft mit konstanter Geschwindigkeit v in angegebener Richtung. In Abhängigkeit von φ sind folgende Größen anzugeben:
Geschwindigkeit der Schleife v_x; die Geschwindigkeit v_y, mit der der Bolzen im Schlitz gleitet und die dazu gehörigen Beschleunigungen a_x und a_y.

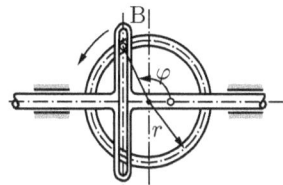

Abb. A3-2/3

3-3 Die abgebildete Kreuzschleife wird nach links mit konstanter Geschwindigkeit v_x verschoben. Zu bestimmen sind in allgemeiner Form in Abhängigkeit vom Winkel φ die Bolzengeschwindigkeit v, die Geschwindigkeit v_y, mit der der Bolzen im Schlitz gleitet und die entsprechende Beschleunigung a_y.

3-4 Ein Punkt bewegt sich mit konstanter Geschwindigkeit auf der skizzierten Parabelbahn. Abzuleiten sind die Gleichungen $v_x(x)$, $v_y(x)$, $a_x(x)$, $a_y(x)$. Der resultierende Beschleunigungsvektor steht senkrecht auf der Bahn. Das begründe der Leser. Beispielhaft ist das für den Punkt $x = 1{,}0\,\mathrm{m}$ und die Daten zu beweisen.

$$H = 8{,}0\,\mathrm{m} \quad B = 2{,}0\,\mathrm{m}; \quad v = 2{,}0\,\mathrm{m/s}\,.$$

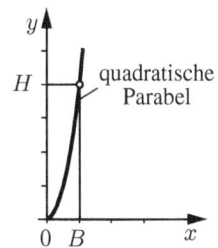

Abb. A3-4

3-5   Ein Außenpunkt einer auf der Ebene mit konstanter Geschwindigkeit abrollenden Kreisscheibe beschreibt eine Zykloide, deren Gleichung in Abhängigkeit vom Scheibenradius r und der Winkelgeschwindigkeit ω in Parameterform

$$x = r(\omega \cdot t - \sin \omega \cdot t)$$
$$y = r(1 - \cos \omega \cdot t)$$

ist (dies beweise der Leser).

Zu bestimmen sind für diesen Punkt in allgemeiner Form die Geschwindigkeiten v_x; v_y und die Beschleunigungen a_x; a_y.

3-6   Die Bewegung eines Punktes ist durch folgende Gleichungen gegeben:

$\dot{r} = \text{konst.} = 0{,}3$

$\omega = \text{konst.} = 5$

ω	$\dot{r}$
s^{-1}	$\mathrm{m/s}$

Zu bestimmen sind die Lage und die Beschleunigungen a_r und a_φ nach $t = 2{,}0\,\mathrm{s}$. Dabei soll die Bewegung bei $t = 0$ von $r = 0$; $\varphi = 0$ ausgehen. Wie kann man sich die oben beschriebene Bewegung entstanden denken?

3-7   Die Bewegung eines Punktes ist durch folgende Gleichung gegeben:

$\dot{r} = 0{,}2t$

$\dot{\varphi} = -0{,}4t + 10$

$\dot{r}$	$\dot{\varphi}$
$\mathrm{m/s}$	s^{-1}

Die Bewegung soll bei $t = 0$ von $r = 0$ und $\varphi = 0$ ausgehen. In allgemeiner Form sind die Gleichungen für a_φ und a_r aufzustellen. Wie kann man sich die oben beschriebene Bewegung entstanden denken?

3-8   Satelliten beschreiben elliptische Bahnen. Dabei befindet sich der Massenschwerpunkt der Erde im Brennpunkt der Ellipse. Die Ellipsengleichung in Polarkoordinaten lautet (s. Skizze)

$$r = \frac{b^2}{a + e \cos \varphi} \, .$$

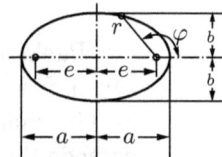

Abb. A3-8

Der Koordinatenursprungspunkt ist dabei ein Brennpunkt. Aus dem KEPLER-schen Flächensatz (Fahrstrahl überstreicht in gleichen Zeitabschnitten gleiche Flächen) ist $a_\varphi = 0$ zu beweisen (keine Kraft in Umfangsrichtung). In Abhängigkeit von den Halbachsen a und b ist eine Gleichung für die Umlaufzeit abzuleiten. Eine Beziehung für die zum Brennpunkt gerichtete Beschleunigung a_r ist als Funktion von a, b, r aufzustellen.

3-9 Die Bahn für einen bewegten Punkt sei eine logarithmische Spirale nach Skizze. Die Geschwindigkeiten v_r und v_φ sind umgekehrt proportional zum Abstand r. Zu bestimmen sind in allgemeiner Form die Beschleunigungen a_r und a_φ in Abhängigkeit von r_0 und φ. Die oben beschriebene Bewegung führen z. B. Luftteilchen innerhalb bestimmter Bauteile eines Turboverdichters oder innerhalb eines Wirbelsturmes aus, dort allerdings in umgekehrter Richtung (s. Abb. A6-54).

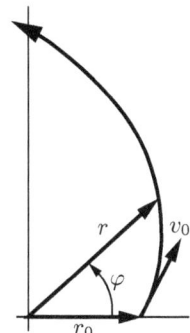

Abb. A3-9

3-10 Ein Punkt bewegt sich auf einer Kreisbahn ($r = 5{,}0\,\text{m}$) von $\varphi = 0$ ausgehend im mathematisch positiven Umlaufsinn. Zur Zeit $t = 0$ beträgt die Geschwindigkeit $v_0 = 0{,}5\,\text{m/s}$. Die Tangentialbeschleunigung ist konstant $a_t = 1{,}0\,\text{m/s}^2$. Zu bestimmen sind Lage und Bewegungszustand nach $t = 3{,}0\,\text{s}$.

3-11 Ein Wagen fährt mit $40\,\text{km/h}$ in eine Kurve $r = 100\,\text{m}$ und beschleunigt mit $a = \text{konst.}$ innerhalb des Viertelkreisbogens auf $70\,\text{km/h}$. Zu skizzieren ist der Wagen mit den Beschleunigungsvektoren am Ende der Kurve. Die Größe der Beschleunigungen ist einzutragen.

3-12 Ein Wagen fährt in eine Kurve $r = 160\,\text{m}$ mit $v_0 = 80\,\text{km/h}$ ein und bremst auf einem Weg von $s = 70\,\text{m}$ auf $v_1 = 40\,\text{km/h}$ ab. Wann unterliegt der Wagen der größten Beschleunigung? Zu skizzieren ist der Wagen mit den Beschleunigungsvektoren unmittelbar vor dem Bremsen, beim Einsetzen der Bremsung und am Ende der Bremsung. Der Bremsvorgang erfolgt mit $a = \text{konst.}$

3-13 Auf einer Kreisbahn mit dem Radius $r = 50\,\text{m}$ beschleunigt ein Wagen von Ruhe aus. Dabei nimmt die Beschleunigung vom Anfangswert $a_0 = 6{,}0\,\text{m/s}^2$ linear in $t_1 = 5{,}0\,\text{s}$ auf Null ab. Zu bestimmen ist der Bewegungszustand für $t = 0$; $2{,}0\,\text{s}$; $5{,}0\,\text{s}$. Für diese Zeitpunkte ist der Wagen in seiner Lage mit eingezeichneten Geschwindigkeits- und Beschleunigungsvektoren zu skizzieren.

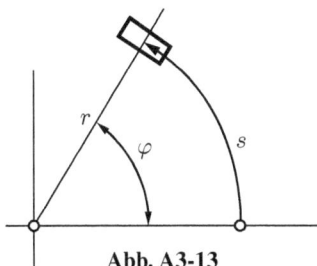

Abb. A3-13

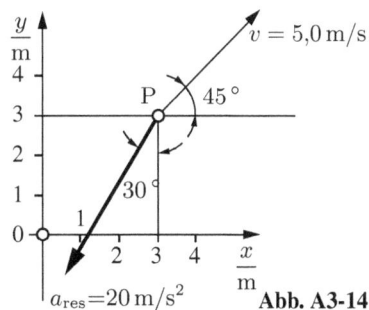

Abb. A3-14

3-14   Ein Punkt bewegt sich nach Skizze im Koordinatensystem, wobei im darge-
stellten Zeitpunkt die Vektoren der Beschleunigung und Geschwindigkeit die
angegebene Richtung haben. Zu bestimmen sind

   a) der Krümmungsradius der Bahn und die Koordinaten des Krümmungsmit-
       telpunktes,

   b) die Bahnbeschleunigung.

   Die Bahn ist zu skizzieren.

3-15   Ein Punkt bewegt sich auf einer krummlinigen Bahn. An einer Stelle, wo
die Steigung der Bahn $\tan\delta = 0{,}4$ beträgt (Kartesisches Koordinatensystem),
hat der Punkt eine Geschwindigkeit von $v = 10\,\text{m/s}$ und die Beschleunigung
$a_x = 2{,}0\,\text{m/s}^2$; $a_y = 4{,}0\,\text{m/s}^2$. Zu bestimmen sind

   a) die Beschleunigungen a_t; a_n,

   b) die Krümmung der Bahn.

   c) Eine Skizze mit eingezeichneter Bahn und den Beschleunigungsvektoren
       ist anzufertigen.

3-16   Das skizzierte Fadenpendel hat in der Position φ_0 die Anfangsgeschwindigkeit
v_0. Die Bahnbeschleunigung hängt von der Position ab und beträgt $a = g \cdot \sin\varphi$ (das begründe der Leser). Zu bestimmen ist die Geschwindigkeit v
in Abhängigkeit von der Lage (φ) und von v_0.

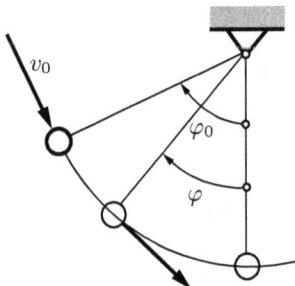

Abb. A3-16 $g \cdot \sin\varphi$ Abb. A3-17

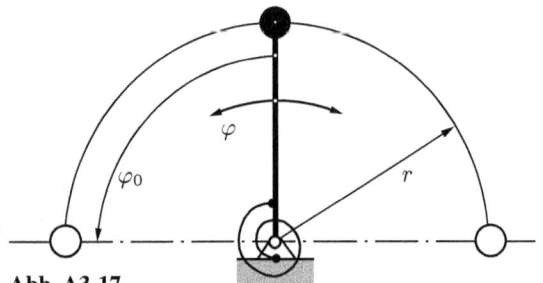

3-17   Der abgebildete Schwinger beschreibt eine Kreisbahn mit dem Radius $r = 0{,}20\,\text{m}$ auf einem Umfang von $180°$. Die Bewegung wird durch folgendes
Gesetz beschrieben:

$$\varphi = \varphi_0 \cdot \sin(k \cdot t) \quad \text{mit} \quad \varphi_0 = \frac{\pi}{2} \quad \text{und} \quad k = 5{,}0\,\text{s}^{-1}$$

   Zu bestimmen sind

   a) die Gleichungen $\omega(t)$; $\alpha(t)$.

   b) Der Schwinger ist in den Positionen $\varphi = 0$; $45°$; $90°$ mit den eingezeich-
       neten Vektoren der resultierenden Beschleunigung zu skizzieren.

4 Die Bewegung des starren Körpers in der Ebene

Die Drehung (4.2)

4-1 Eine rotierende Scheibe (Durchmesser d) wird in der Zeit t_1 von einer Drehzahl n_0 auf eine Drehzahl n_1 mit konstanter Verzögerung abgebremst. Zu bestimmen sind

a) die mittlere Winkelverzögerung,

b) die Beschleunigungen a_t; a_n im letzten Moment der Verzögerung für einen Punkt am Rande der Scheibe,

c) die Anzahl der Umdrehungen für den Bremsvorgang,

d) die Drehzahl nach der halben Bremsdauer.

$$d = 1{,}20\,\text{m}; \quad t_1 = 12{,}0\,\text{s}; \quad n_0 = 3200\,\text{min}^{-1}; \quad n_1 = 800\,\text{min}^{-1}$$

4-2 In dem abgebildeten System wird das Rad A von Ruhe aus innerhalb von z Umdrehungen auf die danach konstante Drehzahl n gleichmäßig beschleunigt. Zu bestimmen sind

a) die Bewegungszustände der Räder A und B und der Masse m zum Zeitpunkt t während des Anfahrvorganges,

b) die Dauer des Anfahrvorganges und der Weg, den die Masse in dieser Zeit zurückgelegt hat.

$$d_A = 80\,\text{mm}; \quad d_B = 450\,\text{mm}; \quad d_C = 1000\,\text{mm}; \quad z = 50; \quad t = 2{,}0\,\text{s}.$$

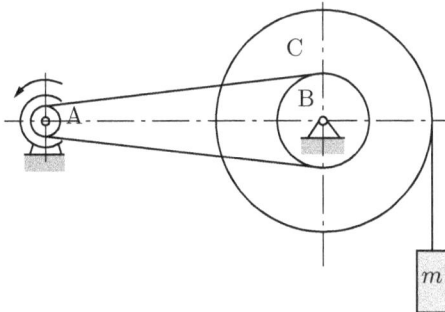

Abb. A4-2

4-3   Skizziert ist das Prinzip eines Windwerkes. Die Last läuft mit der Geschwindigkeit v nach oben. Nach einsetzender Bremsung kommt das Rad D nach z_D Umdrehungen zum Stillstand, wobei die Verzögerung konstant angenommen wird. Zu bestimmen sind

a) der während des Bremsvorganges zurückgelegte Weg der Last,
b) die Verzögerung der Last,
c) die Winkelverzögerung für beide Radblöcke.

$$v = 3,0\,\text{m/s}; \quad z_D = 12; \quad r_A/r_B = 1/4; \quad r_B/r_D = 6 = i; \quad r_A = 0,20\,\text{m}\,.$$

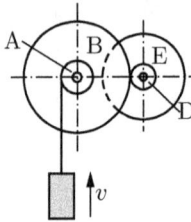

Abb. A4-3

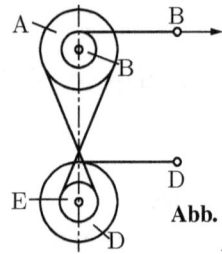

Abb. A4-4
A8-5

4-4   In dem abgebildeten System bewegt sich der Punkt B mit v_B beschleunigt mit a_B nach rechts. Zu bestimmen ist für den betrachteten Augenblick und für die nachfolgend gegebenen Werte der Bewegungszustand des Punktes D.

$$v_B = 2,0\,\text{m/s}; \quad a_B = 0,30\,\text{m/s}^2; \quad r_A/r_B = 2,5; \quad r_D/r_E = 3\,.$$

4-5   Skizziert ist ein Differentialflaschenzug, wie er im Band 1, Abschnitt 6.3, Aufgabe A6-35, behandelt wurde. Die beiden oberen Rollen sind fest miteinander verbunden. Das eingelegte Seil gleitet nicht in der Führung. Das gezogene Seil wird nach unten beschleunigt bewegt. In allgemeiner Form sind Geschwindigkeit und Beschleunigung der Last zu bestimmen.

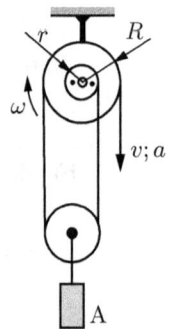

4-6   Zwei Wellen A und B liegen fluchtend auf gleicher Achse und können bei gleicher Drehzahl n_K gekuppelt werden. Welle A ist zunächst im Stillstand, Welle B rotiert mit n_{B0}. Gleichzeitig einsetzend wird A konstant mit α_A beschleunigt und B konstant mit α_B verzögert. Nach welcher Zeit t_K haben beide Wellen gleiche Drehzahl und wie groß ist diese? Lösung allgemein.

Abb. A4-5
A8-6

4-7   Eine Seiltrommel $d = 0,50\,\text{m}$ rotiert mit $\omega_0 = 6,0\,\text{s}^{-1}$. Sie soll ungleichmäßig so verzögert werden, dass die Last mit $v \approx 0$ aufgesetzt wird. Die Verzögerung geht von $\alpha = 4,0\,\text{s}^{-2}$ linear mit der Zeit auf den Wert Null. Zu bestimmen sind Bremszeit und -weg.

4-8 Ein Maschinensatz wird von der Drehzahl n_0 in der Zeit t_B bis zum Stillstand abgebremst. Die Bremse greift weich ein. Deshalb soll eine von Null ausgehende, lineare Verzögerung angenommen werden. Zu bestimmen sind

a) die Gleichungen $\alpha(t)$; $\omega(t)$; $\varphi(t)$,
b) die Auswertung dieser Gleichungen mit den gegebenen Daten für $t_B/2$,
c) die Anzahl der Umdrehungen während des Bremsvorganges bis zum Stillstand.

$n_B = 50\,\mathrm{s}^{-1}$; $t_B = 20{,}0\,\mathrm{s}$.

4-9 Wird ein Maschinensatz angefahren, dann nimmt normalerweise die Winkelbeschleunigung von α_0 ausgehend zunächst stark ab, ändert sich dann weniger und erreicht bei der Enddrehzahl den Wert Null. Dieser Charakteristik wird der Ansatz

$$\alpha = \alpha_0 - k\sqrt{t}$$

gerecht. Für einen Anfahrvorgang, bei dem die Enddrehzahl $n = 3000\,\mathrm{min}^{-1}$ in $16{,}0\,\mathrm{s}$ erreicht wird, sind für diesen Ansatz zu bestimmen

a) Anfangsbeschleunigung α_0, die Konstante k,
b) die Gleichung $\omega(t)$,
c) Anzahl der Umdrehungen für den Anfahrvorgang.

4-10 Die abgebildete Schleife dreht sich im Uhrzeigersinn mit konstanter Winkelgeschwindigkeit ω. Dabei gleitet der Bolzen in der geraden Führung nach rechts. Zu bestimmen sind in allgemeiner Form die Bolzengeschwindigkeit v_B und die Bolzenbeschleunigung a_B.

4-11 Der Bolzen B der abgebildeten Schleife bewegt sich mit konstanter Geschwindigkeit v_B nach rechts. Zu bestimmen sind in allgemeiner Form die Winkelgeschwindigkeit und -beschleunigung der Schleife.

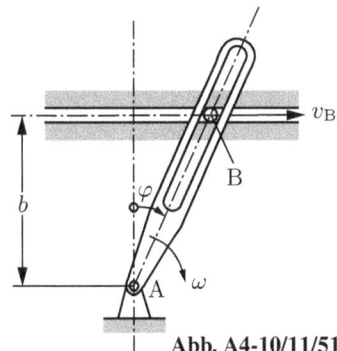

Abb. A4-10/11/51

4-12 Der Bolzen B der abgebildeten Schleife bewegt sich mit $v_B = $ konst. nach rechts. Zu bestimmen sind in allgemeiner Form die Winkelgeschwindigkeit und -beschleunigung für $r = b$.

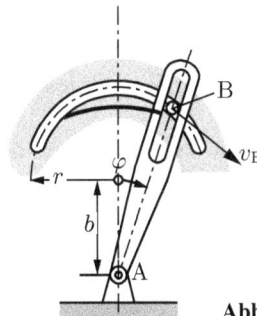

Abb. A4-12

4-13   In dem skizzierten System gleitet die Muffe B mit $v = 2,0\,\mathrm{m/s}$ nach rechts entlang der Stange. Zu bestimmen sind die Winkelgeschwindigkeiten ω_{AB} und ω_{DB} der beiden Stangen.

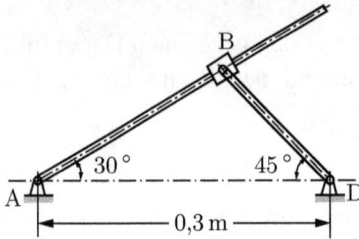

Abb. A4-13/52

Der allgemeine Bewegungszustand (4.3)

4-14   In dem skizzierten System wird die Muffe B mit einer Geschwindigkeit von $5,0\,\mathrm{m/s}$ nach unten bewegt. Die Länge der Verbindungsstange beträgt $1,20\,\mathrm{m}$. Zu bestimmen sind für die skizzierte Lage die Geschwindigkeit der Muffe A und die Winkelgeschwindigkeit der Verbindungsstange AB.

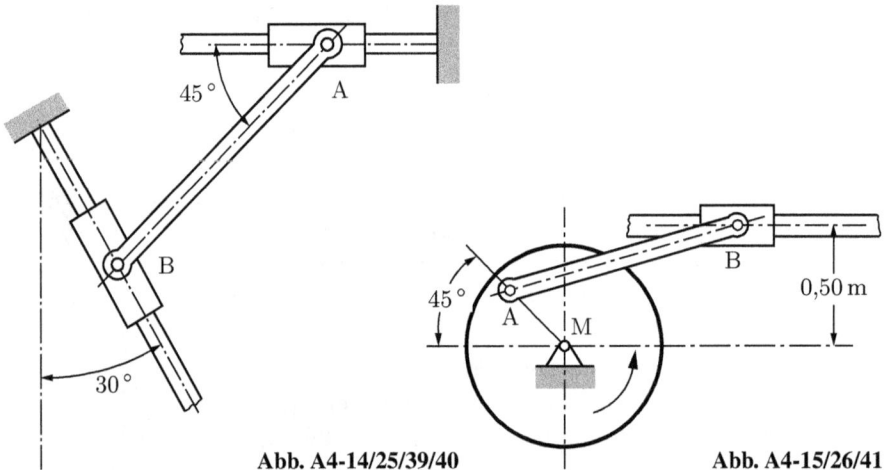

Abb. A4-14/25/39/40   Abb. A4-15/26/41

4-15   Die Scheibe des skizzierten Systems rotiert in angegebener Richtung mit einer Winkelgeschwindigkeit von $20,0\,\mathrm{s^{-1}}$. Für die Längen $AM = 0,30\,\mathrm{m}$; $AB = 0,90\,\mathrm{m}$ sind die Geschwindigkeit des Punktes B und die Winkelgeschwindigkeit des Hebels AB zu bestimmen.

4-16   Die zwei Scheiben des skizzierten Systems sind mit dem Stab BD miteinander verbunden. Die rechte Scheibe rotiert in der abgebildeten Position mit der Winkelgeschwindigkeit $\omega_E = 12\,\mathrm{s^{-1}}$ in angegebener Richtung. Für die nachstehend gegebenen Längen sind die Geschwindigkeiten der Punkte B und D

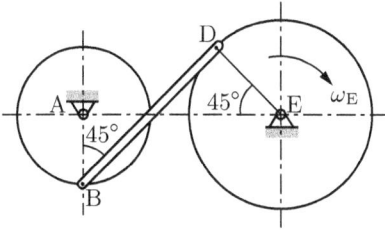

Abb. A4-16/27/42

und die Winkelgeschwindigkeiten der Scheibe A und des Stabes BD zu bestimmen.

$$ED = 0{,}25\,\text{m}; \quad BD = 0{,}50\,\text{m}; \quad AB = 0{,}25\,\text{m} \cdot \frac{1}{2}\sqrt{2}$$

4-17 In dem skizzierten System bewegt sich die Muffe A mit $v_A = 1{,}0\,\text{m/s}$ nach rechts und schiebt die Stange von der Länge $l = 1{,}0\,\text{m}$ durch das Kugelgelenk B. Für diese Position sind die Geschwindigkeit des Punktes D nach Größe und Richtung und die Winkelgeschwindigkeit der Stange zu bestimmen.

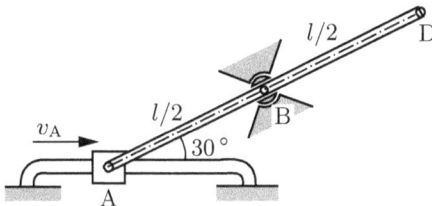

Abb. A4-17/28/43

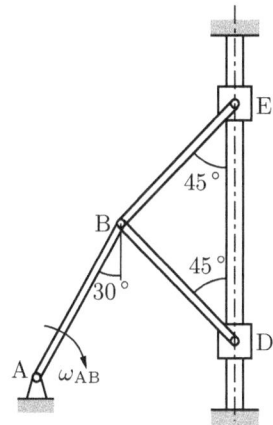

Abb. A4-18/29

4-18 In dem skizzierten System wird die Kurbel AB mit $\omega_{AB} = 1{,}2\,\text{s}^{-1}$ in angegebener Richtung gedreht. Für diese Lage sind für die nachstehend gegebenen Längen die Geschwindigkeiten der Punkte B; E; D und die Winkelgeschwindigkeiten der Stäbe BE und BD zu bestimmen.

$$AB = 0{,}20\,\text{m}; \quad EB = DB = 0{,}15\,\text{m}\,.$$

4-19 Für die skizzierte Scheibe ist die Geschwindigkeit des Punktes B allgemein und für die gegebenen Daten zu bestimmen.

$$R = 0{,}30\,\text{m}; \quad r = 0{,}20\,\text{m};$$
$$\omega = 3{,}0\,\text{s}^{-1}; \quad \beta = 30°\,.$$

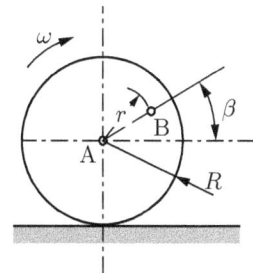

Abb. A4-19/30

4-20   Ein Zylinder mit einer Deckscheibe rollt nach Skizze auf einer Schiene. Zu
bestimmen ist die Geschwindigkeit des Punktes B allgemein und für

$$r = 0,30\,\text{m}; \quad \omega = 15,0\,\text{s}^{-1}; \quad \beta = 45°$$

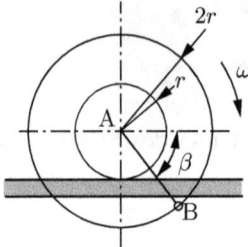
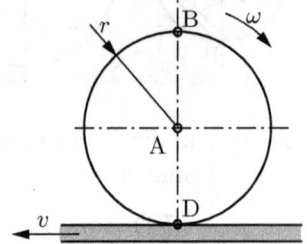

Abb. A4-20/31/45   Abb. A4-21/32

4-21   Der skizzierte Zylinder rollt mit der Winkelgeschwindigkeit ω auf einer
Unterlage nach rechts. Dabei wird die Unterlage mit der Geschwindigkeit v
nach links bewegt. In allgemeiner Form sind die Geschwindigkeiten der Punkte
A; B; D zu bestimmen.

4-22   Die Kreisscheibe des abgebildeten Systems rollt ohne zu gleiten mit einer Winkelgeschwindigkeit von $10,0\,\text{s}^{-1}$ in angegebener Richtung auf der Unterlage.
Für $R = 0,50\,\text{m}; r = 0,30\,\text{m}; AB = 1,0\,\text{m}$ sind die Geschwindigkeit des Punktes B und die Winkelgeschwindigkeit des Hebels AB zu bestimmen.

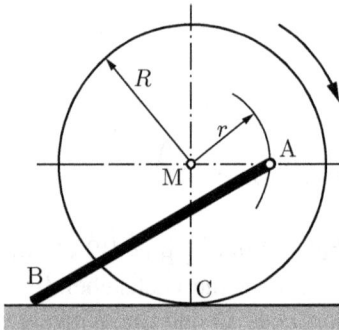
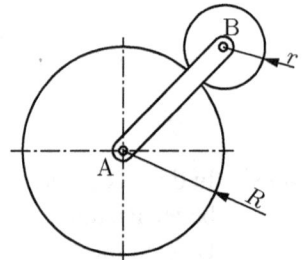

Abb. A4-22/33/44   Abb. A4-23/24

4-23   Das skizzierte System stellt in vereinfachter Form ein Planetengetriebe dar.
Die miteinander verbundenen Räder A und B rollen aufeinander ab. Das
Rad A dreht sich mit ω_A im mathematisch positiven Sinn, während der
Verbindungsarm AB mit ω_{AB} im negativen Sinn umläuft. Zu bestimmen ist
die Winkelgeschwindigkeit des Rades B allgemein und für

$$R = 100\,\text{mm}; \quad r = 20\,\text{mm}; \quad \omega_A = 5,0\,\text{s}^{-1}; \quad \omega_{AB} = 10,0\,\text{s}^{-1}.$$

4-24   Die Räder des skizzierten Systems rollen aufeinander ab. Die Drehrichtung ist für A positiv, für B negativ. Zu bestimmen sind die Winkelgeschwindigkeit des Verbindungsarmes AB und die Geschwindigkeit des Punktes B allgemein und für

$$R = 100\,\text{mm}; \quad r = 20\,\text{mm}; \quad \omega_A = 8,0\,\text{s}^{-1}; \quad \omega_B = 4,0\,\text{s}^{-1}.$$

4-25   Die Aufgaben 4-14 bis 4-22 sind mit Hilfe des momentanen Drehpols zu lösen.
bis 33   Zuordnung:

von	4-14	4-15	4-16	4-17	4-18	4-19	4-20	4-21	4-22
nach	4-25	4-26	4-27	4-28	4-29	4-30	4-31	4-32	4-33

4-34   Zwischen den skizzierten Zahnstangen wird ein Zahnradblock mitgenommen. Die obere Stange bewegt sich mit v_o nach links, die untere mit v_u nach rechts. In allgemeiner Form sind die Lage des momentanten Drehpols und die Winkelgeschwindigkeit des Zahnradblocks zu bestimmen. Für die gegebenen Daten sind die Geschwindigkeiten der Punkte A; B; D; E; M zu berechnen.

$$v_o = 2,0\,\text{m/s}; \quad v_u = 3,0\,\text{m/s}; \quad R = 400\,\text{mm}; \quad r = 300\,\text{mm}.$$

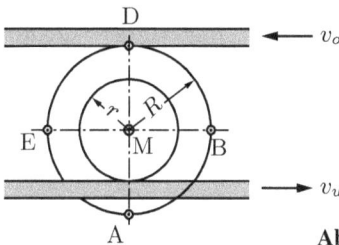

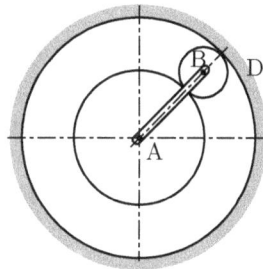

Abb. A4-34   Abb. A4-35/36

4-35   Skizziert ist in vereinfachter Form ein Planetengetriebe. Das Rad A (Radius r_A) wird angetrieben und rollt dabei das Rad B (Radius r_B) auf dem ruhenden Außenkranz D ab. In allgemeiner Form sind aufzustellen
a)   das Übersetzungsverhältnis n_{AB}/n_A,
b)   die Winkelgeschwindigkeit ω_B.

4-36   In dem skizzierten Planetengetriebe wird das Rad A mit der Drehzahl n_A positiv und das Rad D mit n_D negativ gedreht. Allgemein und für die gegebenen Daten ist die Drehzahl des Hebels AB zu bestimmen.

$$n_A = 40\,\text{s}^{-1}; \quad n_D = 30\,\text{s}^{-1}; \quad d_A = 320\,\text{mm}; \quad d_B = 480\,\text{mm}.$$

4-37   Ein homogener Balken der Länge l liegt auf einer glatten Unterlage. Das Ende A wird mit der Beschleunigung a_A gezogen. Dabei dreht der Balken mit der Winkelbeschleunigung α. Zu bestimmen sind in allgemeiner Form

a) die Lage des Punktes, der bei einsetzender Bewegung in
   Ruhe bleibt (dieser Punkt wird *Stoßmittelpunkt* genannt,
   s. Kap. 6.3),
b) die Beschleunigung des Schwerpunktes.

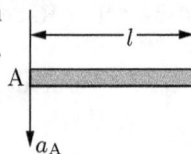

Abb. A4-37

4-38 Ein homogener Balken wird an den beiden Seilen A und B
herabgelassen. Vor dem Absetzen werden die beiden Seile
ungleich gebremst. In allgemeiner Form sind Gleichungen
für die Schwerpunktbeschleunigung und die Winkelbeschleunigung aufzustellen.

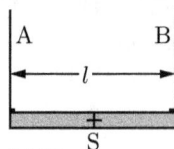

Abb. A4-38

4-39 Im System 4-14 wird in der skizzierten Position die Muffe B mit konstanter
Geschwindigkeit von $5,0\,\mathrm{m/s}$ nach unten bewegt. Zu bestimmen sind für die
Länge $AB = 1,20\,\mathrm{m}$ die Beschleunigung des Punktes A und die Winkelbe-
schleunigung der Stange AB.

4-40 Wie 4-39, jedoch wird der Punkt B verzögert mit $10,0\,\mathrm{m/s^2}$ bewegt.

4-41 Die Scheibe des Systems 4-15 wird verzögert mit $100\,\mathrm{s^{-2}}$ gedreht. Alle
weiteren Daten sind der Aufgabe 4-15 zu entnehmen. Zu bestimmen sind die
Beschleunigung des Punktes B und die Winkelbeschleunigung des Hebels AB.

4-42 In dem System 4-16 rotiert die Scheibe E mit $\omega_\mathrm{E} = 12\,\mathrm{s^{-1}}$ in angegebener
Richtung. Die Scheiben werden in $0,1\,\mathrm{s}$ zum Stillstand gebracht. Zu bestimmen
sind für die skizzierte Position die Beschleunigungen der Punkte B; D und
die Winkelbeschleunigungen der Scheibe A und der Stange BD während
des Bremsvorganges. Es soll konstante Verzögerung angenommen werden.
Abmessungen wie 4-16.

4-43 In dem System 4-17 wird die Muffe A mit $v_\mathrm{A} = 1,0\,\mathrm{m/s}$ verzögert nach rechts
geschoben. Dabei soll die Verzögerung der Stange AD in der Muffe B $a_\mathrm{A} =
1,0\,\mathrm{m/s^2}$ betragen. Für diesen Bewegungszustand sind die Beschleunigungen
der Punkte A; D und die Winkelbeschleunigung der Stange zu bestimmen.

4-44 Die Scheibe des Systems 4-22 rollt beschleunigt mit $40,0\,\mathrm{s^{-2}}$. Alle weiteren
Daten sind der Aufgabe 4-22 zu entnehmen. Zu bestimmen sind die Beschleu-
nigung des Punktes B und der Stange AB.

4-45 Für das System 4-20 ist die Beschleunigung des Punktes B gesucht. Die
Scheibe rollt mit konstanter Winkelgeschwindigkeit. Daten s. 4-20.

Die Relativbewegung (4.4)

4-46 Der skizzierte Stift überträgt eine Bewegung auf ein mit konstanter Geschwindigkeit v_P laufendes Papierband. Die Geschwindigkeit des Stiftes v_S ist in Abhängigkeit von v_P und dem Tangentenwinkel δ der gezeichneten Kurve auszudrücken.

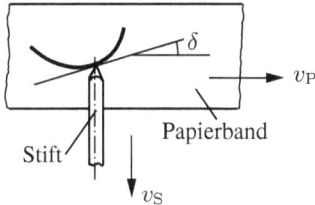

Abb. A4-46

4-47 Die skizzierte Kurbelschleife schreibt mit dem Endpunkt auf einem mit $v =$ konst. laufenden Band eine Kurve. Die Scheibe rotiert mit $\omega =$ konst. Aufzustellen ist die Gleichung der aufgezeichneten Kurve.

$$v = 0{,}50\,\text{m/s}; \quad r = 50\,\text{mm}; \quad \omega = 20{,}0\,\text{s}^{-1}.$$

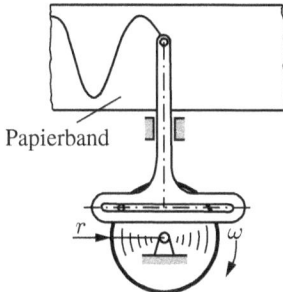

Abb. A4-47

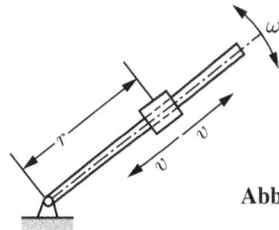

Abb. A4-48
A7-19/20

4-48 Der skizzierte Stab rotiert mit $\omega =$ konst. Die Muffe verschiebt sich mit konstanter Geschwindigkeit v. Für die vier verschiedenen Kombinationen von Dreh- und Verschiebungsrichtungen sind die Beschleunigungsvektoren der Muffe zu skizzieren (vgl. 3-6/7).

$$\omega = 5{,}0\,\text{s}^{-1}; \quad v = 2{,}0\,\text{m/s}; \quad r = 500\,\text{mm}.$$

4-49 Von einer Autobahnbrücke fällt ein Gegenstand auf die Windschutzscheibe eines PKW, die unter $60°$ zur Horizontalen geneigt ist. Der Wagen fährt dabei mit $v = 140\,\text{km/h}$. Der Höhenunterschied Brücke – Windschutzscheibe beträgt $7{,}0\,\text{m}$. Zu bestimmen sind

   a) die Geschwindigkeit, mit der der Gegenstand die Windschutzscheibe trifft,
   b) der Winkel, unter dem die Scheibe getroffen wird,
   c) die Normalkomponente der unter a) berechneten Geschwindigkeit.

4-50   In dem skizzierten System läuft das Band 1 mit $v_1 = 1,0\,\text{m/s}$, das Band 2 mit
$v_2 = 1,5\,\text{m/s}$. Die Höhendifferenz beträgt $h = 0,80\,\text{m}$. Zu bestimmen ist die
Relativgeschwindigkeit mit der das Band 2 vom Fördergut getroffen wird.

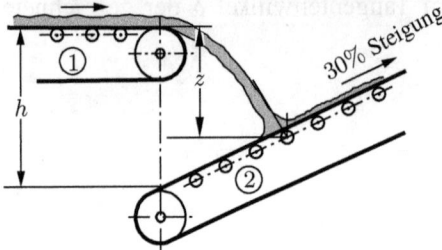

Abb. A4-50

4-51   Für die Schleife 4-11 sind in allgemeiner Form zu bestimmen
a) die Beschleunigung mit der der Bolzen B im Schlitz gleitet,
b) die Coriolisbeschleunigung von B.

4-52   In dem System 4-13 gleitet die Muffe B mit $v = 2,0\,\text{m/s}$ nach rechts entlang
der Stange. Zu bestimmen sind
a) die Winkelbeschleunigung der beiden Stangen,
b) die Coriolisbeschleunigung von B,
c) die resultierende Beschleunigung von B.

4-53   Ein Wasserrohr rotiert nach Skizze mit der Winkelgeschwindigkeit ω. Der
Durchsatz ist in jedem Querschnitt des Rohres gleich, deshalb ist es auch
die Strömungsgeschwindigkeit v. Zu bestimmen ist die Gesamtbeschleunigung
des Wasserelementes B nach Größe und Richtung allgemein und für

$l = 1,0\,\text{m};$ $r = 0,50\,\text{m};$
$v = 2,0\,\text{m/s};$ $\omega = 10,0\,\text{s}^{-1}.$

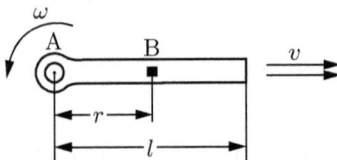

Abb. A4-53
A7-18

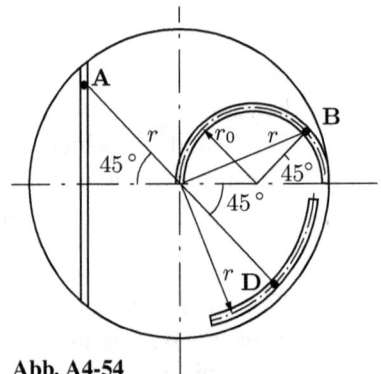

Abb. A4-54

4-54   Die skizzierte Scheibe rotiert um ihren Mittelpunkt beschleunigt im Uhrzeigersinn mit den momentanen Werten $\omega = 2,0\,\text{s}^{-1}$ und $\alpha = 3,0\,\text{s}^{-2}$. Die Punkte
A; B; D bewegen sich beschleunigt mit $v = 1,2\,\text{m/s}$ und $a = 2,5\,\text{m/s}^2$ in

den eingezeichneten Schlitzen und zwar A nach oben, B nach rechts und D nach links unten. Der Abstand der einzelnen Punkte vom Drehpunkt beträgt $r = 1{,}0\,\text{m}$. Zu bestimmen sind die Gesamtbeschleunigungen von A; B; D.

4-55 Die Kurbel der abgebildeten Kurbelschleife führt eine oszillierende Bewegung aus. In der skizzierten Position dreht sich die Kurbel AM mit $\omega_{AM} = \text{konst.} = 20\,\text{s}^{-1}$ im Uhrzeigersinn. Für diese Position sind zu bestimmen

a) der Bewegungszustand der Schleife AB,

b) die Geschwindigkeit und Beschleunigung, mit der der Kulissenstein A im Schlitz der Schleife gleitet,

c) die Coriolisbeschleunigung des Kulissensteins A in der Führung.

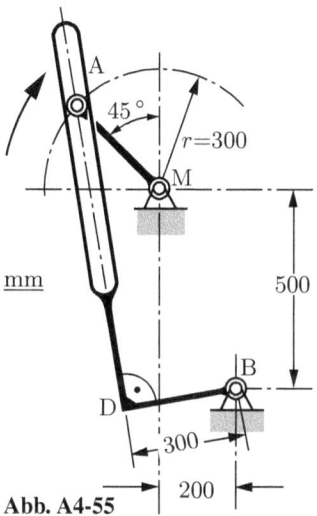

Abb. A4-55

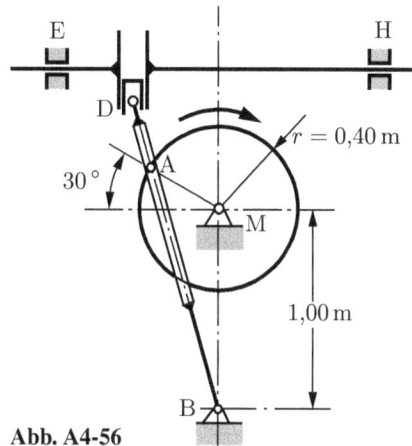

Abb. A4-56

4-56 Im skizzierten System wird die Kurbel MA mit $\omega = \text{konst.} = 10{,}0\,\text{s}^{-1}$ gedreht. Zu bestimmen ist der Bewegungszustand der Verbindungsstange EH in der abgebildeten Position. Die Länge BD beträgt $1{,}60\,\text{m}$.

4-57 Auf einer rotierenden Scheibe ist nach Skizze eine zweite montiert. Zu bestimmen ist in allgemeiner Form die resultierende Geschwindigkeit des Punktes D.

$r = 300\,\text{mm}; \quad e = 600\,\text{mm}.$

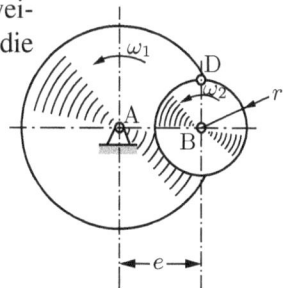

4-58 In dem skizzierten System dreht sich der Stab AB ($l = 0{,}30\,\mathrm{m}$) mit $\omega = 10\,\mathrm{s}^{-1}$ in angegebener Richtung. Um B rotiert dabei ein zweiter Stab gleicher Länge mit gleicher Winkelgeschwindigkeit in entgegengesetzter Richtung. Zu bestimmen sind die Geschwindigkeiten der Punkte D und E für die abgebildete Position. Die Ergebnisse sind zu diskutieren.

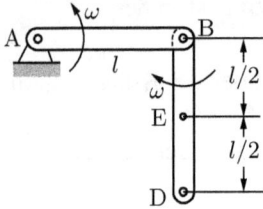

Abb. A4-58

5/6 Impuls und Drall

Hinweis: Falls nichts Gegenteiliges formuliert ist, gilt für die Aufgaben der nachfolgenden Kapitel:

a) Die Vorgänge verlaufen reibungslos.
b) Seile sind masselos und ideal flexibel.
c) Die Massen rotierender Teile sind klein verglichen mit denen translatorisch bewegter Teile.

Der Impulssatz (6.1.1)

6-1 Das skizzierte System wird von Ruhe aus durch die konstante Kraft S_B in Bewegung gesetzt. Die Kraft greift während der Zeit t_B an. Zu bestimmen sind in allgemeiner Form für $m_B/m_A = 3,0$ und für die unten angegebenen Daten

   a) die Kraft S_A im Verbindungsseil,
   b) die Geschwindigkeit z. Z. t_B nach Beginn des Vorgangs,
   c) die Beschleunigung der Massen,
   d) die Geschwindigkeit der Massen in der Position s nach der einsetzenden Bewegung.

$$m_A = 100\,\text{kg}; \quad S_B = 1,0\,\text{kN}; \quad t_B = 5,0\,\text{s}; \quad s = 3,0\,\text{m};$$
$$\text{Steigung A } 10\%; \quad \mu_A = 0,10; \quad \mu_B = 0,15.$$

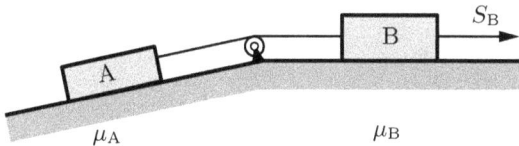

Abb. A6-1
A7-5
A8-7

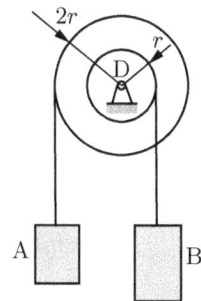

Abb. A6-2
A7-6
A8-8

6-2 Die beiden Massen des skizzierten Systems werden zunächst in der Position $s_0 = 0$ festgehalten. Beim Loslassen ($t = 0$) setzt Bewegung ein. Zu bestimmen sind allgemein und für die gegebenen Daten

a) die Seilkräfte,
b) die Positionen, Geschwindigkeiten und Beschleunigungen z. Z. t,
c) die Gelenkkraft in D während der Bewegung.

$$m_A = 15{,}0\,\text{kg}; \quad m_B = 20{,}0\,\text{kg}; \quad t = 2{,}0\,\text{s}.$$

6-3   In dem vereinfacht skizzierten System bewegt sich die Masse A zunächst mit einer Geschwindigkeit von v_{A1} nach unten. Über eine hydraulische Kupplung greift z. Z. $t = 0$ ein konstant angenommenes Motormoment M_{Mot} an, das eine Richtungsumkehr bewirkt. Die Zahnräder untersetzen die Drehzahlen im Verhältnis i. Für die unten angegebenen Werte sind zu bestimmen

a) die Seilkräfte,
b) die Geschwindigkeiten nach $t = 2{,}0\,\text{s}$,
c) die Beschleunigungen,
d) die Geschwindigkeiten von A und B zum Zeitpunkt, wenn A in der Position h über dem Ausgangspunkt ($t = 0$) ist,
e) die Leistung, die der Motor z. Z. $t = 2{,}0\,\text{s}$ abgibt (ohne Berücksichtigung von Verlusten).

$$m_A = 6000\,\text{kg}; \quad m_B = 5000\,\text{kg}; \quad r_A = 0{,}15\,\text{m}; \quad r_B = 0{,}25\,\text{m};$$
$$v_{A1} = 2{,}0\,\text{m/s}; \quad M_{\text{Mot}} = 1{,}0\,\text{kN m}; \quad i = 5{,}0; \quad h = 1{,}0\,\text{m}.$$

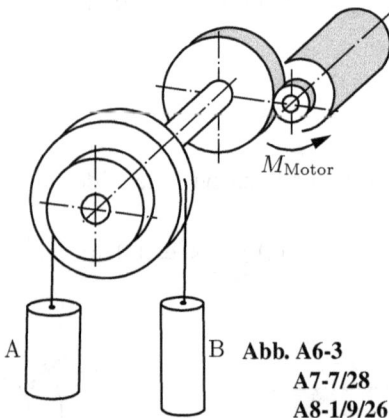

Abb. A6-3
A7-7/28
A8-1/9/26

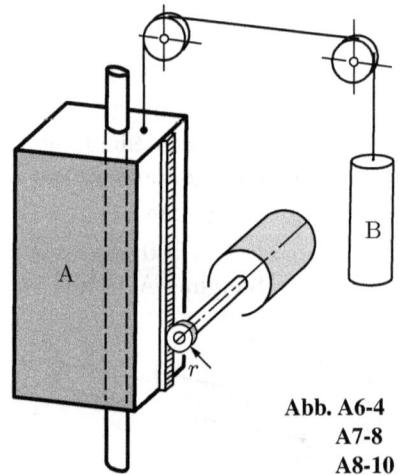

Abb. A6-4
A7-8
A8-10

6-4   Die Skizze zeigt den Schlitten einer Werkzeugmaschine mit Gegenmasse. Das System soll von Ruhe aus in der Zeit Δt auf die maximale Geschwindigkeit v_{max} beim Heben von A gleichförmig beschleunigt werden. In den Führungen wirkt insgesamt eine Reibungskraft F_R. Zu bestimmen sind

a) das Moment und die Kraft am Ritzel,
b) die Kraft in der Kette,
c) die Winkelbeschleunigung des Ritzels,

d) der zurückgelegte Weg während des Beschleunigungsvorganges,

e) die Leistung am Ende des Beschleunigungsvorganges.

$$m_A = 1000\,\text{kg}; \qquad m_B = 600\,\text{kg}; \qquad r = 50\,\text{mm};$$
$$v_{max} = 20{,}0\,\text{m/min}; \qquad F_R = 200\,\text{N}; \qquad \Delta t = 0{,}20\,\text{s}\,.$$

6-5 Skizziert ist ein Hubwerk, das einen Wagen A eine Rampe heraufzieht. Zu bestimmen sind allgemein und für die Werte

a) das konstant angenommene Moment M so, dass A von Ruhe aus in der Zeit Δt auf die Geschwindigkeit v_A beschleunigt wird,

b) die Seilkräfte während der Beschleunigungsphase,

c) die maximale Leistung,

d) die stationäre Hubleistung nach Erreichen der Geschwindigkeit v_A.

$$m_A = 5000\,\text{kg}; \qquad m_B = 8000\,\text{kg};$$
$$\text{Trommel:}\ d_A = 600\,\text{mm}; \qquad d_B = 400\,\text{mm};$$
$$\beta = 45\,°; \qquad \Delta t = 0{,}50\,\text{s}; \qquad v_A = 0{,}60\,\text{m/s};$$
$$\text{Reibung:}\ \mu_A = 0{,}07\,.$$

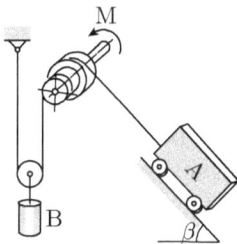

Abb. A6-5
A7-9
A8-11

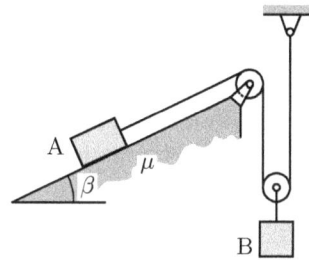

Abb. A6-6
A7-10
A8-12

6-6 In dem skizzierten System bewegt sich die Masse A mit v_{A1} nach rechts oben. Für die nachfolgend gegebenen Daten sind zu bestimmen

a) die Zeit bis das System auf v_{A2} beschleunigt hat,

b) die Seilkraft während der Beschleunigung.

$$m_A = 200\,\text{kg}; \quad m_B = 400\,\text{kg}; \quad v_{A1} = 1{,}0\,\text{m/s}; \quad v_{A2} = 3{,}0\,\text{m/s};$$
$$\beta = 30\,°; \quad \mu = 0{,}25\,.$$

6-7 Die Abbildung zeigt eine Rampe, auf der ein Wagen der Masse $m = 5000\,\text{kg}$ heraufgezogen wird. Die Seilkraft ändert sich wie im Diagramm angegeben. Zu Beginn des Vorganges wird der Wagen vom Prellbock gehalten. Zu bestimmen sind

a) die Geschwindigkeit des Wagens $v(t)$,

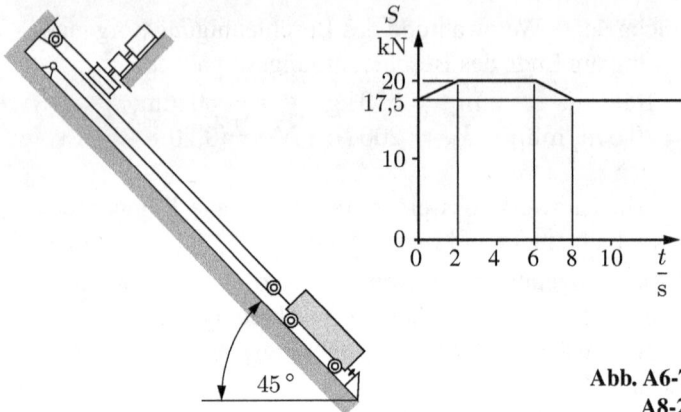

Abb. A6-7
A8-2

b) die Auswertung der Gleichung a) für $t = 8{,}0\,\text{s}$ und $t = 12{,}0\,\text{s}$,
c) die vom Seil übertragene Leistung allgemein und für $t = 12{,}0\,\text{s}$.

6-8 Der Luftwiderstand eines fahrenden Kraftwagens ändert sich proportional zu v^2. Deshalb überwiegt bei hohen Geschwindigkeiten der Luftwiderstand gegenüber anderen Widerständen erheblich. Aus diesem Grunde eignet sich folgender Versuch um die Abhängigkeiten der Widerstandskraft $F_\text{W} = k_1 \cdot v^2$ und der Widerstandsleistung $P_\text{W} = k_2 \cdot v^3$ aufzustellen. Der Wagen (Masse m) wird auf horizontaler Strecke bei Windstille auf v_1 beschleunigt. Bei dieser Geschwindigkeit wird ausgekuppelt und die Stoppuhr betätigt. Der Wagen wird, vorwiegend durch den Luftwiderstand, in der Zeit Δt auf v_2 abgebremst. Zu bestimmen sind

a) in allgemeiner Form die Konstanten k_1 und k_2,
b) die zugeschnittenen Größengleichungen für F_W und P_W für den Versuchswagen;

$m = 1500\,\text{kg}; \quad v_1 = 180\,\text{km/h}; \quad v_2 = 165\,\text{km/h}; \quad \Delta t = 4{,}10\,\text{s}\,,$

c) die Widerstandskraft und Leistung für $v = 190\,\text{km/h}$.

6-9 Ein Kerbschlagbiegeversuch wird mit einem instrumentierten Pendelschlagwerk durchgeführt. Die Hammerfinne ist mit einer Kraftmessdose ausgerüstet. Ein Kraft-Zeit-Diagramm nach Abbildung wird ausgedruckt. Es ist eine Berechnungsgleichung für die Schlagarbeit W aufzustellen. Diese Gleichung ist für den senkrechten Abstand Probe – Pendelmasse $H = 1{,}50\,\text{m}$, die Pendelmasse $m = 11{,}0\,\text{kg}$ (Punktmasse) und unter Annahme einer Dreieckfläche für das abgebildete Diagramm auszuwerten.

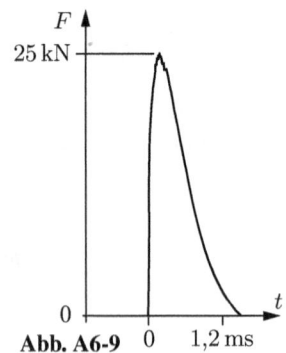

Abb. A6-9

Der Satz von der Erhaltung des Impulses (6.1.2)

6-10 Ein Wagen A rollt nach rechts mit einer Geschwindigkeit v_{A1} auf einen ruhenden Wagen B und prallt mit v_{A2} nach links ab. Zu bestimmen sind die Geschwindigkeit von B nach dem Stoß und die mittlere Kraft, die während einer Stoßzeit Δt an der Stoßstelle wirksam war.

$m_A = 1000\,\mathrm{kg}; \quad m_B = 4000\,\mathrm{kg};$
$v_{A1} = 1{,}0\,\mathrm{m/s}; \quad v_{A2} = 0{,}28\,\mathrm{m/s}; \quad \Delta t = 0{,}50\,\mathrm{s}\,.$

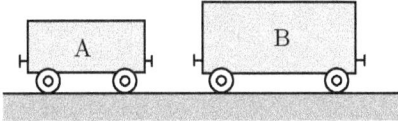

Abb. A6-10/17

6-11 Ein Wagen A rollt von Ruhe aus eine Rampe der Länge l herunter und stößt am Ende der Rampe auf den Wagen B, der sich gerade mit einer Geschwindigkeit

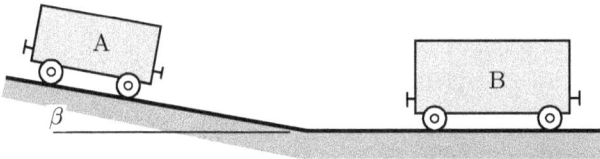

Abb. A6-11

v_{B1} entgegenbewegt. Beide Wagen werden gekuppelt. Zu bestimmen sind die Geschwindigkeit beider Wagen nach dem Stoß und die mittlere Kraft in der Kupplung für eine Stoßdauer von Δt.

$m_A = 20 \cdot 10^3\,\mathrm{kg}; \quad m_B = 100 \cdot 10^3\,\mathrm{kg}; \quad v_{B1} = 0{,}50\,\mathrm{m/s};$
Rampe $\beta = 4°; \quad \mu = 0{,}05; \quad l = 10{,}0\,\mathrm{m}; \quad \Delta t = 0{,}2\,\mathrm{s}\,.$

6-12 Zwei Wagen A und B sind mit einem Seil verbunden. Eine um die Länge f zusammengedrückte Feder wird dazwischen gelegt. Diese übt eine Kraft F_f auf die Wagen aus. Das System ist in Ruhe, wenn das Seil kräftefrei durchtrennt wird. Zu bestimmen sind die Geschwindigkeiten von A und B allgemein und für

$m_A = 20\,\mathrm{kg}; \quad m_B = 10\,\mathrm{kg}; \quad F_f = 100\,\mathrm{N}; \quad f = 20\,\mathrm{cm}\,.$

Abb. A6-12/13

6-13 Die Aufgabe 6-12 soll für den Fall gelöst werden, dass das System während der Trennung des Seils mit $v_1 = 0{,}30\,\mathrm{m/s}$ nach rechts rollt.

6-14 Die Skizze zeigt das Detail einer Schmiedemaschine. Der Hammer B stößt auf das am Amboss A gehaltene Schmiedestück. Die Gesamtmasse wird nach dem Schlag von einem Stoßdämpfer, der eine mittlere Kraft F_m ausübt, in der Zeit Δt abgefangen. Abzuschätzen ist die Geschwindigkeit des Hammers unmittelbar vor dem Schlag.

$$m_A = 100\,\text{kg}; \quad m_B = 20\,\text{kg}; \quad F_m = 400\,\text{N}; \quad \Delta t = 0,2\,\text{s}.$$

Abb. A6-14/15

6-15 Skizziert ist eine Schmiedemaschine. Der Schlag mit dem Hammer B erfolgt mit der Geschwindigkeit v_{B1}. Die Gesamtmasse wird vom Stoßdämpfer auf dem Weg Δs aufgefangen. Zu bestimmen sind allgemein und für die Daten

a) die mittlere Kraft im Stoßdämpfer während des Schlages,

b) die im Stoßdämpfer bei einem Schlag entstehende Wärme.

$$m_A = 250\,\text{kg}; \quad m_B = 20\,\text{kg}; \quad v_{B1} = 8,0\,\text{m/s}; \quad \Delta s = 50\,\text{mm}.$$

6-16 Zwei Massen stoßen zentrisch nach Skizze zusammen und bleiben dabei aneinander haften. Zu bestimmen sind

a) die Geschwindigkeit (Größe und Richtung) nach dem Stoß,

b) die Stoßkraft,

c) der Anteil der beim Stoß in Wärme umgesetzten Energie.

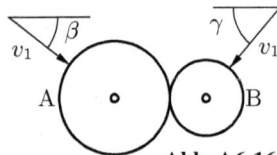

Abb. A6-16

$$m_A = 2m_B = 20\,\text{kg}; \quad v_1 = 5,0\,\text{m/s};$$
$$\text{Stoßzeit } \Delta t = 0,01\,\text{s}; \quad \beta = 30°; \quad \gamma = 45°.$$

Der zentrische Stoß (6.1.3)

6-17 Für den in der Aufgabe 6-10 behandelten Stoß ist die Stoßzahl k zu ermitteln.

6-18 Eine Masse m fällt frei aus der Höhe h auf eine horizontale Unterlage. Zu bestimmen ist in allgemeiner Form der auf die Unterlage ausgeübte Impuls für a) plastischen, b) elastischen, c) teilelastischen Stoß.

6-19 Ein leichter Ball fliegt einem mit $v = 30\,\text{m/s}$ fahrenden PKW entgegen und hat unmittelbar vor dem Auftreffen eine Geschwindigkeit von $10\,\text{m/s}$ in horizontaler Richtung. Die Auftrefffläche steht senkrecht. Mit welcher Geschwindigkeit prallt der Ball ab, wenn die Stoßzahl $k = 0,6$ geschätzt wird.

6-20 Der skizzierte Wagen A rollt auf den festgebremsten Wagen B. Der Stoß ist teilelastisch. Welche Masse darf A höchstens haben, wenn kein zweiter Stoß auftreten soll? Wie weit gleitet B auf den Schienen, wenn A diese Grenzmasse hat und mit der Geschwindigkeit v auffährt?

$$m_B = 20 \cdot 10^3 \, \text{kg}; \quad k = 0,5; \quad v = 2,0 \, \text{m/s}; \quad \mu = 0,2 \, .$$

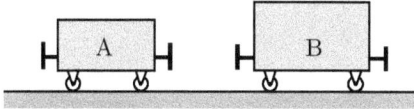

Abb. A6-20

6-21 Eine Ramme A fällt aus der Höhe h auf einen Pfahl B, der dabei um Δs in den Boden eindringt. Wie groß ist die mittlere Widerstandskraft des Erdreiches, wenn der Stoß unelastisch ist und konstante Verzögerung beim Eindringen angenommen wird?

$$m_A = 1000 \, \text{kg}; \quad m_B = 300 \, \text{kg}; \quad h = 2,0 \, \text{m}; \quad \Delta s = 200 \, \text{mm} \, .$$

6-22 Eine Kugel wird unter dem Lotwinkel δ_1 gegen eine glatte Wand geworfen. Die Stoßzahl k ist in Abhängigkeit von δ_1 und dem Ausfallwinkel δ_2 abzuleiten.

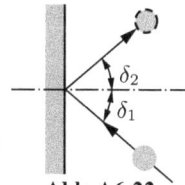

6-23 Gegen einen rotierenden Hebel großer Masse fliegt nach Skizze eine Stahlkugel. Zu bestimmen ist die Abprallgeschwindigkeit.

Abb. A6-22

$$n = 20 \, \text{s}^{-1}; \quad v = 25 \, \text{m/s}; \quad r = 500 \, \text{mm}; \quad k = 0,6 \, .$$

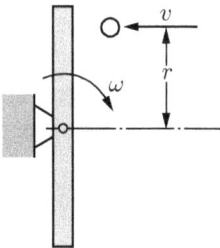

Abb. A6-23

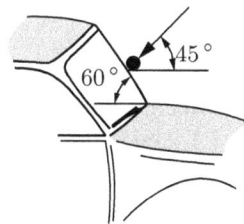

Abb. A6-24

6-24 Gegen die Windschutzscheibe eines mit $40 \, \text{m/s}$ fahrenden PKW, die unter $60\,^\circ$ zur Horizontalen geneigt ist, trifft nach Skizze ein leichter Ball mit $v = 10 \, \text{m/s}$. Zu bestimmen ist die Abprallgeschwindigkeit nach Größe und Richtung für den Fall, dass die Stoßzahl $k = 0,5$ ist und die Scheibe den Aufprall aushält.

Der Impuls des kontinuierlichen Massenstroms (6.2)

6-25 Skizziert ist das Prinzip eines Gerätes, das Massenströme
von Schüttgut misst. Das Gut fällt auf eine schräge
Rampe und rutscht an dieser herunter. Gemessen wird
die Kraft, die die Rampe in Position hält. Abzuleiten ist
die Grundgleichung des Prinzips $\dot{m} = f(F)$.

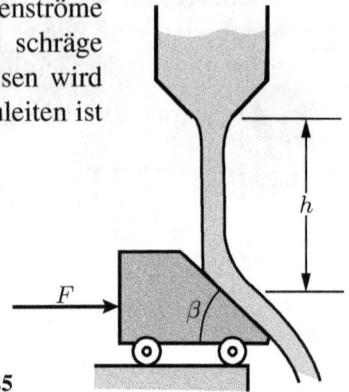

Abb. A6-25

6-26 Gegenstand dieser Aufgabe ist ein Hydrocutter. Das ist ein Gerät, das verschiedene Werkstoffe (z. B. Textil, Kunststoffe) mit einem feinen Wasserstrahl sehr hoher Geschwindigkeit schneidet. Die Energie wird durch eine Hochdruckpumpe zugeführt. Für einen Pumpendruck p_P ist die durch den senkrecht auf einer glatten Oberfläche auftreffenden Strahl ausgeübte Flächenpressung p_A zu bestimmen. Verluste sind nicht zu berücksichtigen. Eine Auswertung soll für $p_P = 1500$ bar erfolgen.

6-27 Im Anschluss an das Beispiel Peltonturbine im Abschn. 6.2 des Lehrbuchs ist die Kraft an einer Turbinenschaufel zu berechnen, wenn die Turbine optimal läuft (Punkt c). Es ist weiterhin zu beweisen, dass für volle Energieausnutzung mindestens zwei Schaufeln gleichzeitig voll vom Wasser beaufschlagt sein müssen.

6-28 Ein Strahlturbinenflugzeug fliegt mit $v = 1050$ km/h. Dabei setzt ein Triebwerk einen Luftstrom von $\dot{m}_L = 103$ kg/s und eine Brennstoffmenge von $\dot{m}_B = 1{,}2$ kg/s durch. Die Verbrennungsgase werden mit 680 m/s relativ zum Flugzeug ausgestoßen. Zu bestimmen sind Schubkraft und Schubleistung.

6-29 In dem skizzierten System fällt das Fördergut (400 kg/s) von einer Rutsche auf das mit $v = 2{,}0$ m/s laufende Band. Das Gut hat eine Auftreffgeschwindigkeit von 4,0 m/s unter 30° zur Horizontalen. Welche Kraft muss vom Förderband zur Beschleunigung des Fördergutes auf die Bandgeschwindigkeit aufgebracht werden?

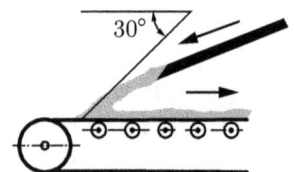

Abb. A6-29

6-30 In einem Turbinenrad von $0{,}50\,\mathrm{m}$ Durchmesser tritt nach Skizze Wasser unter $20\,°$ zur Tangente ein und verlässt es in axialer Richtung. Die Eintrittsgeschwindigkeit beträgt $v = 20\,\mathrm{m/s}$, der Volumenstrom $1{,}2\,\mathrm{m^3/s}$. Zu bestimmen ist das am Rad wirkende Moment.

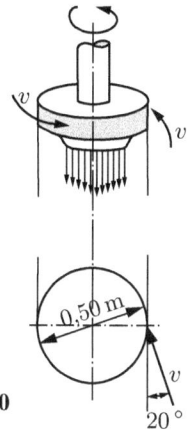

Abb. A6-30

Das Massenträgheitsmoment, das Zentrifugalmoment und der Steinersche Satz (6.3.1)

6-31 Für die homogene Platte ($m = 150\,\mathrm{kg}$) sind J_x; J_y für die eingezeichneten Achsen und J_p für die Schwerpunktachse zu bestimmen.

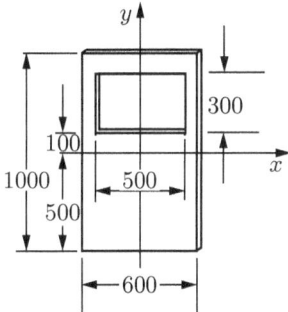

Abb. A6-31/49
A7-38

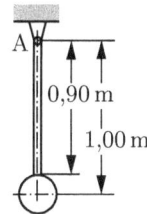

Abb. A6-32/64

6-32 Das skizzierte System besteht aus einer homogenen Stange ($m = 10\,\mathrm{kg}$) und einem homogenen Zylinder ($m = 20\,\mathrm{kg}$). Zu bestimmen sind Trägheitsmoment und Trägheitsradius für den Aufhängepunkt A und den Schwerpunkt S.

6-33 Das Trägheitsmoment einer homogenen Kugel soll für die Achse AA bestimmt werden. Wie groß muss R in Abhängigkeit von r mindestens sein, damit der Fehler beim Ansatz $J_{\mathrm{AA}} = m \cdot R^2$ einen vorgegebenen Wert f nicht übersteigt. Lösung allgemein und für $f = 0{,}50\,\%$.

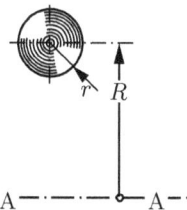

Abb. A6-33

6-34   Für den aus Leichtmetall ($\rho = 2{,}70 \, \text{kg/dm}^3$) gefertigten kegeligen Körper ist das Trägheitsmoment bezogen auf die Symmetrieachse zu bestimmen.

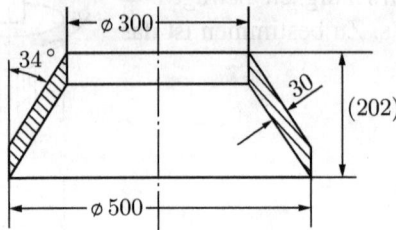

Abb. A6-34

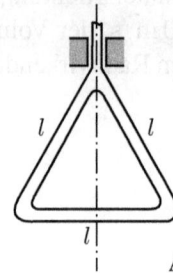

Abb. A6-35

6-35   Das skizzierte Gebilde besteht aus 3 gleich langen ($l = 1{,}0 \, \text{m}$) homogenen Stangen und wiegt 6,0 kg. Zu bestimmen ist das Trägheitsmoment für die Drehachse.

6-36   Skizziert ist der Schnitt durch eine Autofelge mit Reifen. Beim Auswuchten dieser Reifen wurden zwei Ausgleichsmassen m von je 50 g nach Skizze gegenüber liegend eingelegt. Zu bestimmen ist das Zentrifugalmoment J_{xy} der Ausgleichsmassen.

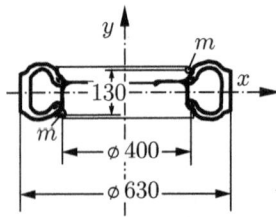

Abb. A6-36
A7-49

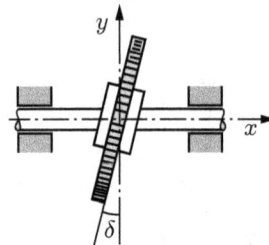

Abb. A6-37
A7-50

6-37   Eine Turbinenscheibe ($m = 20 \, \text{kg}$, $D = 0{,}50 \, \text{m}$) ist mit einem Winkelfehler $\delta = 0{,}1\,°$ auf die Welle montiert. Zu bestimmen ist das Zentrifugalmoment J_{xy} dieser Scheibe.

6-38   Die Skizze zeigt einen Rührer, der um die y-Achse rotieren soll. Deshalb soll durch eine Zusatzmasse im Punkt 1 der Gesamtschwerpunkt in die Drehachse gelegt werden. Zu bestimmen sind m_1 und J_{xy} für den Rührer mit dieser Zusatzmasse. Das Stangenmaterial hat eine Masse von 2,0 kg/m.

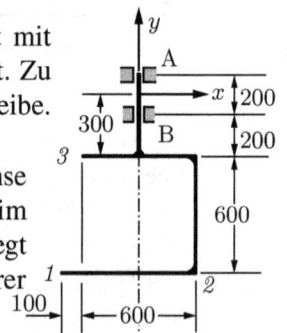

Abb. A6-38/39
A7-53

6-39   In dem durch die Zusatzmasse m_1 veränderten System 6-38 sollen zwei gleiche Zusatzmassen in den Punkten 2 und 3 so angebracht werden, dass $J_{xy} = 0$ wird. Welche Bedeutung haben die Zusatzmassen 1; 2 und 3 für die Laufruhe des Rührers?

Die Drehung um die Hauptachsen (6.3.3)

6-40 Ein Rotor wird von der Drehzahl n_1 auf die Drehzahl n_2 durch eine Moment abgebremst, das mit M_0 einsetzt und linear auf Null geht, wenn n_2 erreicht ist. Zu bestimmen ist die Bremszeit allgemein und für

$$n_1 = 50\,\text{s}^{-1}; \quad n_2 = 30\,\text{s}^{-1}; \quad J = 12{,}0\,\text{kg m}^2; \quad M_0 = 100\,\text{Nm}.$$

6-41 Das skizzierte System besteht aus einer horizontal gelagerten Masse m, die mit einer Gewindespindel von Ruhe aus verschoben wird. Die Reibungszahl der Auflageflächen sei μ, die Steigung der Spindel h, deren mittlerer Durchmesser d und der Reibungswinkel des Gewindes ρ. Das Massenträgheitsmoment J der rotierenden Masse soll berücksichtigt werden. Die Masse m soll in vorgegebener Zeit Δt auf die Geschwindigkeit v_max gebracht werden. Es sind zu bestimmen

  a) in allgemeiner Form eine Gleichung für das dazu notwendige Motormoment, das konstant wirkend angenommen wird,

  b) in allgemeiner Form eine Gleichung für das notwendige Motormoment nach der Beschleunigungsphase,

  c) die Auswertung dieser Gleichungen für $m = 500\,\text{kg}$;
    $v_\text{max} = 0{,}30\,\text{m/s}$; $\Delta t = 0{,}40\,\text{s}$; $J = 0{,}010\,\text{kg m}^2$;
    $d = 60\,\text{mm}$; $h = 12\,\text{mm}$;
    $\tan(\delta + \rho) \approx 0{,}15$ (s. Band 1; Abschnitt 11.7); $\mu = 0{,}05$,

  d) die maximale Beschleunigungsleistung für c),

  e) die zur Aufrechterhaltung von v_max notwendige Leistung für c).

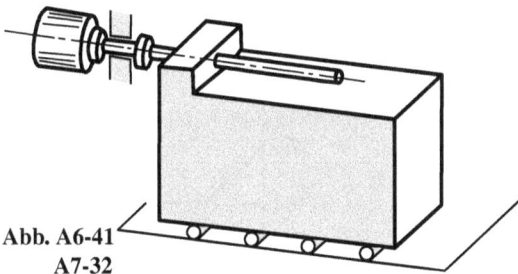

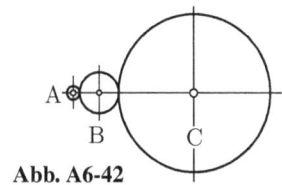

Abb. A6-41
A7-32

Abb. A6-42

6-42 Die drei formschlüssig miteinander verbundenen, rotierenden Massen sind auf die Wellen A; B und C zu reduzieren.

$$J_\text{A} = 0{,}010\,\text{kg m}^2;$$
$$J_\text{B} = 0{,}10\,\text{kg m}^2;$$
$$J_\text{C} = 1{,}00\,\text{kg m}^2.$$

Übersetzungsverhältnisse $i_\text{AB} = 3{,}0$; $i_\text{BC} = 4{,}0$.

6-43   Der skizzierte Aufbau dient dazu, das Trägheitsmoment der rotierenden Massen zu bestimmen. Von Ruhe ausgehend, durchfällt die Masse B eine vorgegebene Strecke h, für die die Zeit t gemessen wird. Damit dieser Vorgang nicht zu schnell abläuft, wird die Gegenmasse A angebracht. Reibungsmomente können vernachlässigt werden. Für die nachfolgenden Werte ist das Trägheitsmoment zu berechnen.

$$m_A = 3{,}0\,\text{kg}; \quad m_B = 10{,}0\,\text{kg}; \quad r_A = 10\,\text{cm};$$
$$r_B = 20\,\text{cm}; \quad h = 2{,}0\,\text{m}; \quad t = 8{,}8\,\text{s}.$$

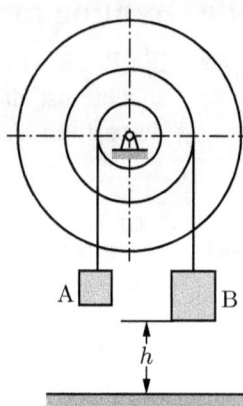

Abb. A6-43
A7-33
A8-27

6-44   In der Skizze ist vereinfacht ein Hubwerk dargestellt. Die Last ist zunächst in Ruhe. Das Motormoment ändert sich mit der Zeit, wie in dem Diagramm angegeben. Für die nachfolgend gegebenen Daten sind die Geschwindigkeiten der Last und die Winkelgeschwindigkeiten der Welle 3,0 s und 10,0 s nach Hubbeginn zu bestimmen.

Seiltrommel $r = 200\,\text{mm}; \quad J = 30\,\text{kg}\,\text{m}^2;$
Last $m = 1000\,\text{kg}; \quad$ Übersetzung $i = 12.$

Weitere Trägheitsmomente können vernachlässigt werden.

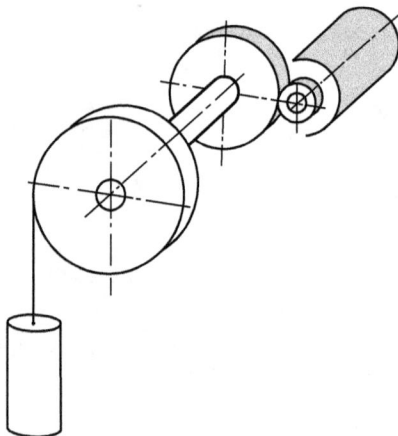

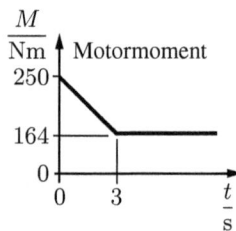

Abb. A6-44
A7-37

6-45 Abgebildet ist das Modell für einen Werkzeugschlitten. Die Masse m soll über eine Zahnradübersetzung und Gewindespindel mit $a = 2{,}0\,\text{m/s}^2$ nach oben gleichförmig von Ruhe aus auf $v_{\max} = 3{,}0\,\text{m/min}$ beschleunigt werden. Für die nachstehend gegebenen Daten sind zu bestimmen

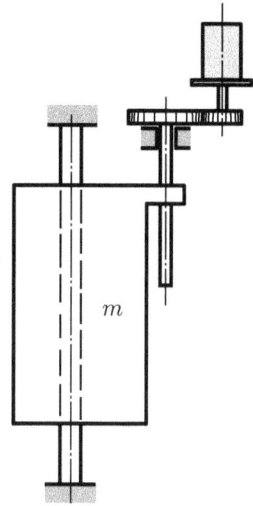

a) das Motormoment für die Beschleunigungsphase,
b) das Motormoment nach der Beschleunigungsphase,
c) die maximale Motorleistung für die Beschleunigungsphase,
d) die stationäre Motorleistung ohne Berücksichtigung von Getriebeverlusten.

Gewindespindel: $d = 60\,\text{mm}$ (mittel); $h = 12\,\text{mm}$; $\tan(\delta + \rho) \approx 0{,}15$; Motor und Ritzel $J = 0{,}0010\,\text{kg m}^2$; Spindel und Zahnrad $J = 0{,}010\,\text{kg m}^2$; Übersetzung $i = 4$; Reibungskraft Führung $F_\text{R} = 200\,\text{N}$; Schlitten $m = 500\,\text{kg}$.

Abb. A6-45
A7-34
A8-28

6-46 Modellhaft soll ein Rollengang behandelt werden, wie er z. B. in Walzwerken verwendet wird. Zwei gleiche, massive Rollen rotieren angetrieben mit der Drehzahl n_0. Ein homogener Balken wird symmetrisch aufgelegt. Zu bestimmen sind allgemein und für die Daten

a) die Zeit bis zur vollständigen Mitnahme des Balkens,
b) die bei dem Vorgang entstehende Wärme.

$$m_\text{B} = 10\,\text{kg}; \quad n_0 = 10{,}0\,\text{s}^{-1}; \quad \text{Rolle } d = 60\,\text{mm}; \quad \mu = 0{,}2\,.$$

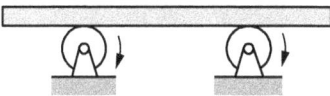

Abb. A6-46/47
A7-35

6-47 Diese Aufgabe entspricht der vorigen. Jedoch rotieren die Rollen frei. Allgemein und für die Daten sind zu bestimmen

a) die Zeit bis zur vollständigen Mitnahme des Balkens,
b) die Mitnahmegeschwindigkeit,
c) die Drehzahl der Rollen nach dem Vorgang.

Daten: wie in 6-46, $m_\text{R} = 5{,}0\,\text{kg}$.

6-48 Der abgebildete Werkzeugschlitten wird nach oben mit einem Motor von Ruhe aus gleichförmig beschleunigt. Für die nachstehend gegebenen Werte sind zu bestimmen

a) das Motormoment für die Beschleunigungsphase,
b) das Motormoment nach der Beschleunigungsphase,
c) die max. Schlittengeschwindigkeit und die Beschleunigungszeit,
d) die Leistung am Ende der Beschleunigungszeit und danach ohne Berücksichtigung der Getriebeverluste.

Motor $n_{max} = 1100\,min^{-1}$;
$\alpha = 230\,s^{-2}$ (konstant auch unter Last);
Schlitten $m = 700\,kg$;
Führungen $\mu = 0,1$;
Schräglage $\delta = 20°$;
Zahnrad an der Zahnstange $r = 30\,mm$;
Zahnradwelle $J = 0,040\,kg\,m^2$;
Motorwelle + Kupplung usw. $J = 0,035\,kg\,m^2$;
Übersetzung $i = 8$.

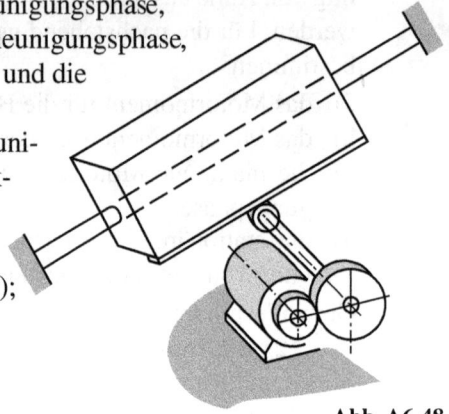

Abb. A6-48
A7-36
A8-29

Die Drehung um beliebige feste Achsen (6.3.4)

6-49 Die Platte 6-31 ist nach Skizze drehbar gelagert und wird von Ruhe aus durch die Masse B in Bewegung gesetzt. Nach der Zeit t wird das System in Δt bis zum Stillstand abgebremst. Es wirkt während der Drehung ein Reibungsmoment von M_R. Zu bestimmen sind

a) die Winkelgeschwindigkeit nach $t = 5,0\,s$,
b) die Beschleunigung und Verzögerung,
c) die Seilkräfte während der Beschleunigung und Verzögerung,
d) das während der Bremsung wirkende Bremsmoment.

$m_B = 10,0\,kg$; $t = 5,0\,s$; $\Delta t = 0,20\,s$; $M_R = 3,0\,Nm$.

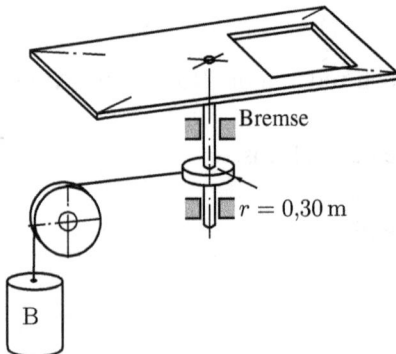

Abb. A6-49
A7-38

6-50 Die drehbar gelagerte Halbkreisscheibe wird von Ruhe aus durch einen Stoß in Drehung versetzt. Sie kommt nach z Umdrehungen in der Zeit Δt zum Stillstand. Zu bestimmen sind

a) das konstant angenommene Bremsmoment,
b) der Impuls des Stoßes,
c) die Winkelgeschwindigkeit unmittelbar nach dem Stoß,
d) die mittlere Stoßkraft für eine Stoßdauer von ca. 1 ms.
   Scheibe: $m = 20{,}0\,\text{kg}$; $R = 250\,\text{mm}$; $r = 200\,\text{mm}$;
   $z = 2{,}5$; $\Delta t = 2{,}0\,\text{s}$.

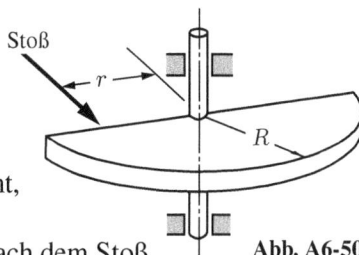
Abb. A6-50

Der Satz von der Erhaltung des Dralls (6.3.5)

6-51 Zwei Massen A und B rotieren frei mit n_A bzw. n_B. In diesem Zustand werden sie zusammengekuppelt. In allgemeiner Form ist die Drehzahl n nach dem Kupplungsvorgang zu bestimmen.

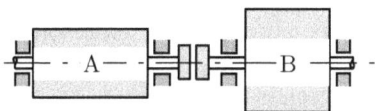

Abb. A6-51
   A8-33

6-52 In dem skizzierten System rotiert die Masse A frei mit n_{A1}, B und C sind im Stillstand. Welche Drehzahlen n_{A2} und n_{C2} stellen sich nach dem Einkuppeln ein? Lösung allgemein und für

$$n_{A1} = 10{,}0\,\text{s}^{-1}; \quad J_A = 2{,}0\,\text{kg}\,\text{m}^2; \quad J_B = 1{,}5\,\text{kg}\,\text{m}^2;$$
$$J_C = 0{,}10\,\text{kg}\,\text{m}^2; \quad i = 5{,}0.$$

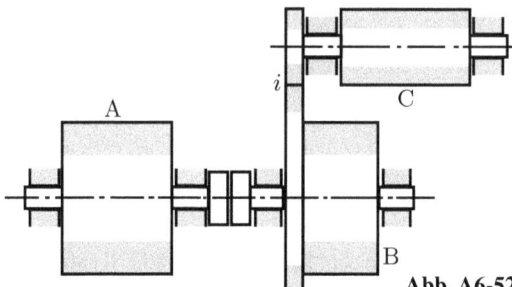

Abb. A6-52

6-53 Das Trägheitsmoment der skizzierten Masse A soll experimentell ermittelt werden. Dazu wird sie mit möglichst geringer Reibung um eine senkrechte Achse in Drehung versetzt (n_1). Dann lässt man einen abgewogenen Klumpen Knetmasse B im möglichst großen Abstand r von der Drehachse senkrecht auf die Scheibe fallen. Gemessen werden die sich neu einstellende Drehzahl n_2 und der Abstand r. Es ist eine Gleichung für die Berechnung des Trägheitsmomentes der Scheibe A aufzustellen.

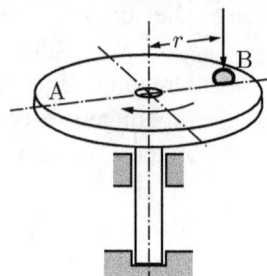

Abb. A6-53

6-54 In einem Taifun beschreiben die einzelnen Luftteilchen in erster Näherung Kreisbahnen um eine Zentralachse. Wie ist grundsätzlich die Verteilung der Luftgeschwindigkeit in Abhängigkeit vom Zentrumsabstand?

Die allgemeine ebene Bewegung (6.3.6)

6-55 Ein homogenes Rohr bzw. ein solcher Vollzylinder sollen beim Abrollen mit veränderlicher Kraft (s. Diagramm) untersucht werden. Beide sollen gleiche Masse und Abmessung haben. Bei einsetzender Kraft rollen sie bereits mit einer Geschwindigkeit v_0 nach links. Für Rohr und Zylinder sind zu bestimmen
a) die Geschwindigkeit und Winkelgeschwindigkeit z. Z. t,
b) die am Boden wirkende Tangentialkraft, wenn ein Rollen ohne Gleiten stattfinden soll.

$$m = 100\,\text{kg}; \quad d = 1,00\,\text{m}; \quad v_0 = 1,0\,\text{m/s}; \quad t = 5,0\,\text{s}.$$

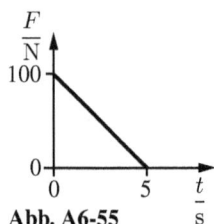

Rohr   Zylinder

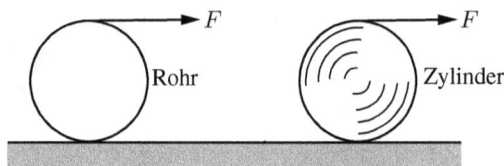

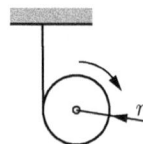

Abb. A6-56
A7-44
A8-34

6-56 Eine homogene Walze der Masse m rollt nach Skizze von Ruhe aus an einem aufgewickelten Faden ab. Zu bestimmen sind die Geschwindigkeit nach der Zeit t und der Fallstrecke H und die im Faden wirkende Kraft (allgemeine Lösung).

6-57 Eine Masse ($m = 500\,\text{kg}$) ist auf 4 homogenen Radscheiben (je $m = 100\,\text{kg}$; $r = 300\,\text{mm}$) gelagert und wird von einem mitbewegten Motor ($M = 10\,\text{Nm}$) an der linken Achse angetrieben. Die Motordrehzahl ist mit $i = 10$ auf die

Räder untersetzt. Das ist ein Modell für einen bewegten Werkzeugschlitten

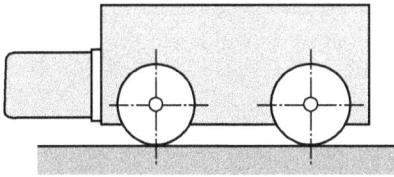

Abb. A6-57
A7-45
A8-35

bzw. für einen beschleunigten Kraftwagen, wobei die Trägheitsmomente der Räder berücksichtigt werden. Zu bestimmen sind

a) die Geschwindigkeit, Winkelgeschwindigkeiten (Räder, Motor) nach $t = 5,0\,$s für $v_0 = 0$,
b) die Beschleunigungen,
c) die Berührungskräfte am Boden in tangentialer Richtung,
d) die durch die Bewegung verursachten Lagerkräfte der Radscheiben in horizontaler Richtung,
e) die Motorleistung z. Z. $t = 5,0\,$s (ohne Verluste).

Rollreibungsverluste sollen nicht berücksichtigt werden.

6-58 Ein homogener Reifen wird in der Luft in Drehung versetzt und fällt dann auf eine Unterlage. Wie lange dauert es, bis der Reifen ohne zu gleiten rollt, und mit welcher Geschwindigkeit rollt er nach dieser Zeit? Lösung allgemein und für

$$d = 800\,\text{mm}; \quad \omega_0 = 10\,\text{s}^{-1}; \quad \mu = 0,2\,.$$

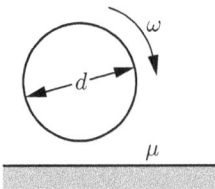

Abb. A6-58

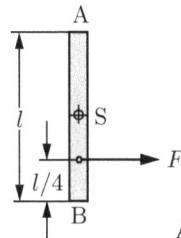

Abb. A6-59

6-59 Ein homogener Balken liegt auf einer reibungsfreien Unterlage. Eine Kraft F greift für eine Zeitdauer Δt an. Wie groß sind nach dieser Zeit die Geschwindigkeiten der Balkenenden A und B? (Hinweis: aus Impulssatz v_s und ω und daraus momentanen Drehpol). Lösung allgemein und für

$$m = 10,0\,\text{kg}; \quad F = 10,0\,\text{N}; \quad \Delta t = 0,1\,\text{s}\,.$$

6-60 Das skizzierte System besteht aus einer homogenen
Walze B und einer Masse A. Das System wird durch
eine von außen angreifende Kraft so geführt, dass sich
A mit einer Geschwindigkeit v_0 nach oben bewegt.
In diesem Zustand wird es sich selber überlassen
($t = 0$). Zu untersuchen ist, in welchem Bewegungs-
zustand sich A und B z. Z. t befinden und wie groß
die Seilkräfte und die Beschleunigungen sind.

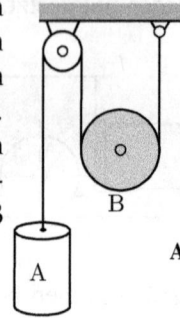

Abb. A6-60
A7-46
A8-36

$$m_A = 200\,\text{kg}; \quad d = 500\,\text{mm}; \quad m_B = 200\,\text{kg};$$
$$v_0 = 1,0\,\text{m/s}; \quad t = 0,50\,\text{s}.$$

6-61 Eine Walze soll mit dem skizzierten Hubwerk eine Rampe heraufgezogen
werden. Dabei soll sie in der Zeit Δt die Endgeschwindigkeit v_B erreichen.
Zu bestimmen sind unter der Annahme einer konstanten Beschleunigung
allgemein und für die Daten

a) das in der Beschleunigungsphase notwendige Motormoment,
b) die Seilkräfte während der Anfahrzeit,
c) die maximale Beschleunigungsleistung.

$$m_A = 300\,\text{kg}; \qquad\qquad \text{Walze: } m_B = 2000\,\text{kg};$$
Trägheitsradius: $i_B = 300\,\text{mm};$ $\qquad d_B = 800\,\text{mm};$
Trommel: $m_C = 1000\,\text{kg};$ $\qquad\quad i_C = 200\,\text{mm};$
$d_C = 500\,\text{mm};$ $\qquad\qquad$ Getriebeübersetzung: $i = 9,0\,;$
$v_B = 1,20\,\text{m/s}; \quad \Delta t = 1,0\,\text{s}; \quad \beta = 30^\circ.$

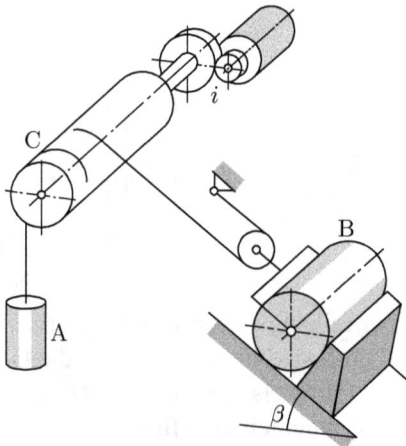

Abb. A6-61
A7-47

Der exzentrische Stoß (6.3.6)

6-62 Eine homogene Stange der Länge l mit einem Gummipuffer im Abstand r dreht sich nach Skizze um ein Gelenk und schlägt mit dem Puffer auf eine Unterlage. Unmittelbar vor dem Aufschlag beträgt die Winkelgeschwindigkeit ω_0. Wie groß ist die Winkelgeschwindigkeit nach dem Zurückprallen? Wie ändert sich dieser Wert mit dem Abstand r? Lösung allgemein und für

$$l = 1{,}20\,\text{m}; \quad r = 0{,}80\,\text{m}; \quad \omega_0 = 4{,}95\,\text{s}^{-1}; \quad k = 0{,}7\,.$$

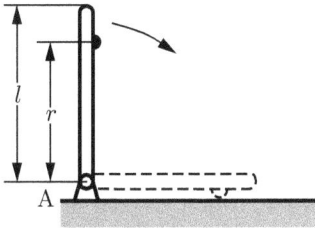

Abb. A6-62/63
A8-30

6-63 In welchem Abstand r muss der Gummipuffer an der skizzierten Stange angebracht werden, damit beim Aufprall kein Stoß auf das Gelenk ausgeübt wird?

6-64 Das Pendel 6-32 soll als Schlagpendel z. B. in einer Maschine zur Prüfung der Kerbschlagzähigkeit verwendet werden. In welchem Abstand von A muss der Schlag erfolgen, damit dabei im Gelenk kein Stoß auftritt?

6-65 Eine homogene Walze rollt auf einer horizontalen Unterlagen mit v_0. Nach einem zentrischen, horizontalen Stoß entgegengesetzt der Bewegungsrichtung beträgt die Geschwindigkeit v_1. Zu bestimmen sind
a) der Impuls des Stoßes,
b) die mittlere Stoßkraft für eine Kontaktzeit Δt,
c) die mindestens notwendige Haftreibungszahl, wenn während des Vorgangs kein Gleiten eintreten soll.
$$m = 200\,\text{kg}; \quad d = 400\,\text{mm};$$
$$v_0 = 1{,}0\,\text{m/s}; \quad v_1 = 0{,}9\,\text{m/s}; \quad \Delta t = 7{,}5\,\text{ms}\,.$$

6-66 Ein homogener Stab fällt in horizontaler Lage und schlägt unelastisch mit der Geschwindigkeit v_1 nach Skizze auf eine Kante. Zu bestimmen sind in allgemeiner Form Schwerpunktsgeschwindigkeit und Winkelgeschwindigkeit des Stabes nach dem Stoß.
(Hinweis: Gewichtskraft $\ll$ Stoßkraft)

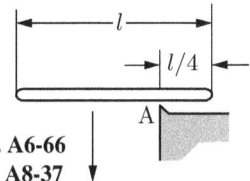

Abb. A6-66
A8-37

6-67 Ein homogener Würfel fährt eine schiefe Ebene herab und stößt dabei nach Skizze auf einen festen Widerstand. Zu bestimmen ist in allgemeiner Form die Winkelgeschwindigkeit der einsetzenden Drehung. (Hinweis: Gewichtskraft $\ll$ Stoßkraft).

Abb. A6-67

6-68 Eine Kugel rollt mit der Geschwindigkeit v_1 gegen eine glatte Wand. Die Stoßzahl sei k, die Reibungszahl μ. Zu bestimmen sind in allgemeiner Form und ausgewertet für die gegebenen Daten

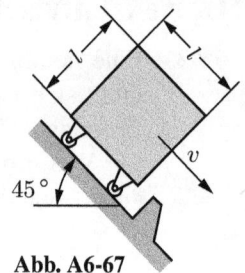

a) die Geschwindigkeit v_2 und die Winkelgeschwindigkeit ω_2 unmittelbar nach dem Stoß,

b) die Geschwindigkeit v_3 und die Winkelgeschwindigkeit ω_3, mit der die Kugel nach rechts wegrollt,

c) die Zeit t_3 nach dem Stoß, nach der das Wegrollen von der Wand beginnt.
   Kugel: $d = 200\,\text{mm}$; $m = 5{,}0\,\text{kg}$;
   $v_1 = 1{,}0\,\text{m/s}$; $k = 0{,}6$; $\mu = 0{,}1$.

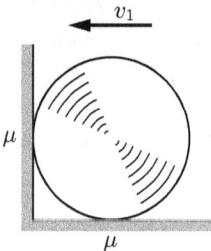

Abb. A6-68

Das Kreiselmoment (6.3.7)

6-69 Ein Schiff fährt mit $v = 12\,\text{m/s}$ einen Kreisbogen mit dem Radius $r = 600\,\text{m}$. Die Schiffsturbine, deren Achse parallel zur Längsachse des Schiffes liegt, hat eine Drehzahl von $6000\,\text{min}^{-1}$. Der Rotor der Turbine wiegt $1200\,\text{kg}$ und hat einen Trägheitsradius von $0{,}40\,\text{m}$. Wie groß ist das von den Turbinenlagern aufzunehmende Kreiselmoment?

6-70 Ein Rührer besteht nach Skizze aus einer rotierenden, homogenen Scheibe und dem Schaft mit vernachlässigbarem Trägheitsmoment. Zusätzlich zur Drehung um die eigene Achse n_R erfolgt eine Drehung um die senkrechte Achse mit n_A. Zu bestimmen ist das von dem Rührer verursachte Kreiselmoment, das von der Lagerung als Zusatzbelastung aufgenommen werden muss.

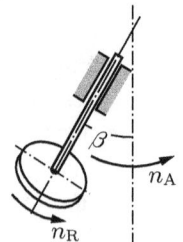

Scheibe: $m = 400\,\text{g}$; $d = 120\,\text{mm}$;
$n_\text{R} = 16{,}0\,\text{s}^{-1}$; $n_\text{A} = 1{,}50\,\text{s}^{-1}$; $\beta = 30°$.

Abb. A6-70

7 Das Prinzip von d'Alembert

Der Massenpunkt bei geradliniger Bewegung (7.1.1)

7-1 Pakete werden auf die abgebildete Rutsche ($l = 12,0\,\text{m}$) vom Förderband mit $v_0 = 0,50\,\text{m/s}$ aufgegeben. Die Laufzeit auf der Rutsche beträgt $t_{\text{L}} = 5,0\,\text{s}$. Auf dem Förderband haben die Pakete einen Abstand von $e = 0,20\,\text{m}$. Zu bestimmen sind

a) die Gleitzahl μ für Rutsche/Paket und die Beschleunigung,

b) der Abstand, den ein gerade unten angekommenes Paket zum nachfolgenden hat.

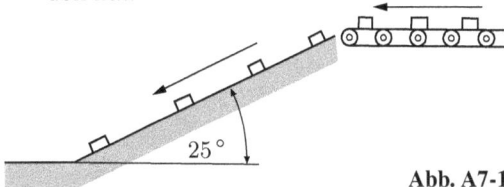

Abb. A7-1

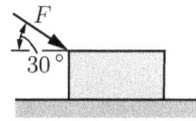

Abb. A7-2

7-2 Ein Block ($m = 100\,\text{kg}$) liegt auf einer Unterlage, für die die Reibungszahl $\mu = 0,2$ geschätzt wird. Es greift nach Skizze eine Kraft an. Zu bestimmen ist die Größe dieser Kraft, wenn die Beschleunigung nach rechts $0,3g$ betragen soll.

7-3 Ein Stahlband, auf dem eine Masse m liegt, läuft aus dem Stillstand heraus mit einer veränderlichen Beschleunigung an, die etwa durch folgende Gleichung erfasst werden kann

$$a = 1,60 - 0,40\,t$$

t	a
s	m/s^2

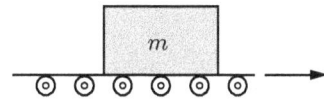

Abb. A7-3

Die Reibungszahl zwischen dem Band und der der Masse beträgt etwa 0,1. Zu bestimmen sind

a) die Beschleunigung von m bei einsetzender Bewegung des Bandes,

b) die Zeit, die m auf dem Band gleitet und die Geschwindigkeit mit der die volle Mitnahme erfolgt,

c) die Strecke, die die Masse auf dem Band rutscht,

d) die maximale Geschwindigkeit des Bandes,

e) der Vorgang ist in den a-t-; v-t-; s-t-Diagrammen darzustellen.

7-4   In der Aufgabe 2-36 ist die Beschleunigung eines bei Luftwiderstand fallenden
Körpers gegeben

$$a = g(1 - kv^2).$$

Die Richtigkeit dieser Beziehung ist zu beweisen (Hinweis: Widerstandskraft
proportional v^2).

7-5   Die Aufgaben 6-1 bis 6-6 sind nach dem d'Alembertschen Prinzip zu lösen.
bis 10

Der Massenpunkt bei krummliniger Bewegung (7.1.2)

7-11   Ein Trichter ist nach Skizze drehbar gelagert. Im Abstand r liegt eine Masse m
auf der Trichterwand, für die eine Reibungszahl μ geschätzt wird. In welchem
Bereich müssen die Drehzahlen liegen, wenn die Masse weder nach innen noch
nach außen gleiten soll? Lösung allgemein und für $\beta = 45°$; $\mu = 0,5$; $r = 0,50\,\text{m}$.

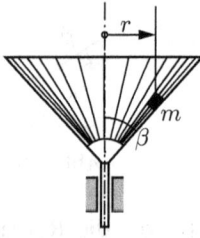

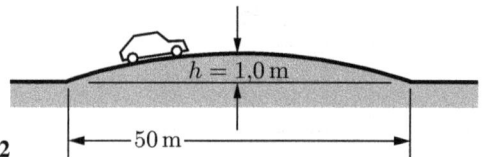

Abb. A7-11   **Abb. A7-12**

7-12   Ein Pkw fährt auf der skizzierten Bodenwelle. Ihre Form kann etwa als
Kreisabschnitt angenommen werden. Für die Reibungszahl 0,8 (Straße/Reifen)
ist die maximale Bremsverzögerung für $v = 130\,\text{km/h}$
   a)   auf der Bodenwelle,
   b)   auf horizontaler Straße zu bestimmen.

7-13   Eine homogene Masse ist nach Skizze aufgehängt.
Die Verbindung C wird gekappt. Für diesen Zeitpunkt sind die Stabkräfte in A; B und die einsetzende
Beschleunigung zu bestimmen. Lösung allgemein
und für $m = 100\,\text{kg}$; $\beta = 20°$.

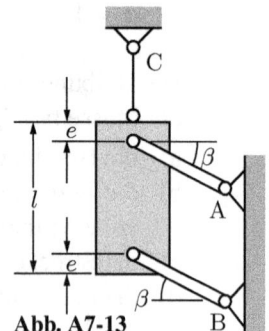

Abb. A7-13

7-14 Gegenstand dieser Aufgabe ist eine nach Skizze rotierende Trommel mit Mischgut. Das Teil m soll aus einer Position β nach innen fallen. Zu bestimmen ist die notwendige Drehzahl allgemein und für

$$r = 1,0\,\text{m}; \quad \mu = 0,3; \quad \beta = 130°.$$

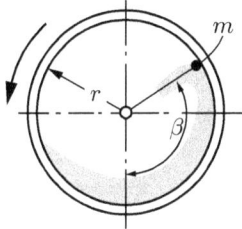

Abb. A7-14

7-15 Ein Wagen ($m = 800\,\text{kg}$) fährt in einer Kurve ($r = 160\,\text{m}$) mit $v_1 = 80\,\text{km/h}$ ein und bremst gleichmäßig auf einem Weg l von $70\,\text{m}$ auf $v_2 = 40\,\text{km/h}$ ab. Zu bestimmen sind die im Schwerpunkt angreifenden Trägheitskräfte bei einsetzender Bremsung und im letzten Moment der Bremsung. In einer Skizze sind die Kräfte einzutragen (vergleiche 3-12).

7-16 Für einen erdnahen Satelliten auf einer Kreisbahn ist die Umlaufzeit T in Abhängigkeit von der Flughöhe h zu bestimmen. (Hinweis: Erdbeschleunigung nimmt quadratisch mit der Höhe ab; Erdradius $6370\,\text{km}$).

7-17 Welchen Abstand h von der Erdoberfläche aus gemessen muss ein Satellit auf geostatischer Bahn in der Äquatorialebene einnehmen? Äquatorialradius $r_0 = 6378\,\text{km}$; Gravitationsgesetz $g \sim 1/r^2$.

Die Corioliskraft (7.1.3)

7-18 Durch das Rohr 4-53 fließt ein Wasserstrom von $10\,\text{l/s}$. Wie groß ist das durch die Corioliskräfte verursachte Moment, das bei der Drehung aufgebracht werden muss?

7-19 Gegeben ist ein System nach 4-48. Die Muffe ($m = 10\,\text{kg}$) befindet sich im Abstand $r = 0,50\,\text{m}$ und gleitet mit $v = 2,0\,\text{m/s}$ nach innen, während sich der Stab entgegengesetzt Uhrzeigersinn mit $\omega = 5\,\text{s}^{-1}$ dreht. Welche Kraft übt die Muffe in Umfangsrichtung auf die Stange aus?

7-20 Die Gleichung 3-7 beschreibt die Bewegung der Muffe 4-48, wobei sich die Stange entgegengesetzt Uhrzeigersinn verzögert dreht, und die Muffe von innen nach außen beschleunigt gleitet (das begründe der Leser). Für eine Muffenmasse von $20\,\text{kg}$ ist die in Umfangsrichtung auf die Stange ausgeübte Trägheitskraft nach $t = 4,0\,\text{s}$ zu bestimmen.

7-21   Die Skizze zeigt das Laufrad einer Kreisel-
pumpe. Bei Annahme einer rotationssym-
metrischen Strömung haben alle Teile im
gleichen Abstand r die gleiche Relativgeschwindigkeit v zum rotierenden Laufrad
unter dem Winkel δ zur radialen Richtung. Für einen Fluidring $r = 90\,\text{mm}$; $m =$
$0{,}120\,\text{kg}$, der mit $v = 6{,}0\,\text{m/s}$ unter $\delta =$
$65°$ strömt, ist das von der Corioliskraft
verursachte Moment bezogen auf die Drehachse zu bestimmen. Die Drehzahl der
Pumpe beträgt $n = 2950\,\text{min}^{-1}$.

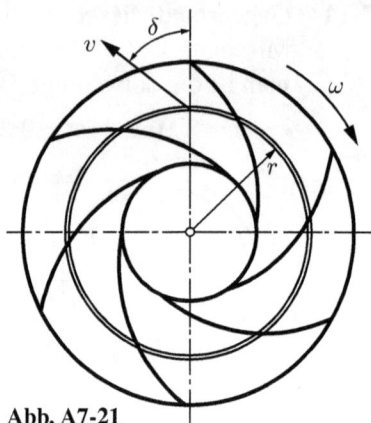
Abb. A7-21

Die Schiebung des starren Körpers (7.2.1)

7-22   Der skizzierte Wagen wird mit der Kraft S eine Steigung heraufgezogen. Zu
bestimmen sind

   a) die Radkräfte an der Auflagerstelle,
   b) die Beschleunigung des Wagens.

   $\quad m = 800\,\text{kg}; \quad S = 4{,}0\,\text{kN}; \quad \mu = 0{,}05\,.$

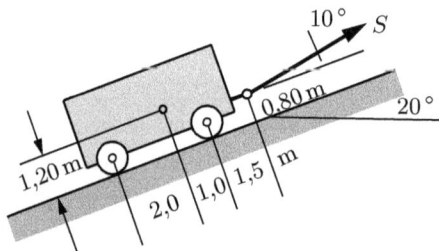
Abb. A7-22

7-23   Auf einer horizontalen Unterlage steht ein homogener Quader mit den Abmessungen $b \times h$. Mit welcher maximalen Beschleunigung darf die Unterlage
horizontal bewegt werden, wenn der Block weder rutschen noch kippen soll?

7-24   Ein homogener Quader gleitet frei die skizzierte schiefe
Ebene mit der Reibung μ herunter. Welche Breite b muss
er mindestens haben, damit er nicht umkippt?

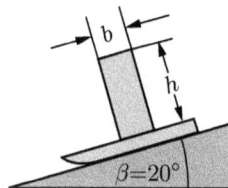
Abb. A7-24

7-25 Das skizzierte System steht senkrecht und besteht aus der homogenen Stange AB und den gleich schweren Gleitklötzen. Welche Beschleunigung erteilt eine Kraft F dem System und wie groß sind dabei die in A und B wirkenden Kräfte?

$m_{ges} = 20{,}0\,\text{kg}; \quad F = 300\,\text{N}; \quad \text{Führungen } \mu = 0{,}2 \,.$

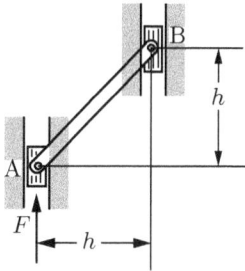

Abb. A7-25

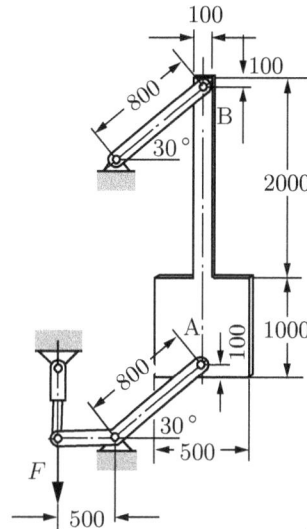

Abb. A7-26

7-26 Die abgebildete, homogene Platte der Masse m wird vom Hydraulikkolben mit einer Kraft F bewegt. Das System steht senkrecht. In der skizzierten Position drehen die Hebel mit der Drehzahl n entgegen Uhrzeigersinn. Zu bestimmen sind

a) die Gelenkkräfte in A und B,

b) der Bewegungszustand der Platte.

$m = 100\,\text{kg}; \quad F = 2{,}0\,\text{kN}; \quad n = 0{,}80\,\text{s}^{-1} \,.$

Die Masse der Hebel ist vernachlässigbar.

7-27 Eine Stange verbindet zwei rotierende Räder auf dem Radius r. In welcher Position der Räder ist die Biegebeanspruchung am größten und wie groß ist dabei das maximale Biegemoment? Lösung allgemein und für

Stange: $m = 80\,\text{kg}; \quad l = 1{,}20\,\text{m}; \quad n = 5{,}0\,\text{s}^{-1}; \quad r = 0{,}25\,\text{m} \,.$

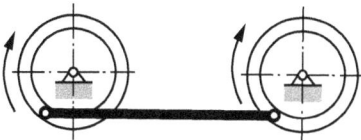

Abb. A7-27

Die Drehung eines starren Körpers um seine Hauptachsen (7.2.2)

7-28   In dem System 6-3 soll das Massenträgheitsmoment der Trommel berücksichtigt werden. Es soll $J = 300\,\mathrm{kg\,m^2}$ betragen. Die anderen Werte können der Aufgabe 6-3 entnommen werden. Zu bestimmen sind die Beschleunigungen und die Seilkräfte.

7-29   Drei rotierende Massen sind nach Skizze formschlüssig miteinander verbunden. Am Zahnritzel 1 greift ein Moment von $M = 90\,\mathrm{Nm}$ an. Für die nachfolgend gegebenen Werte sind die Winkelbeschleunigungen aller Massen und die Umfangskräfte zu bestimmen.

$$J_\mathrm{I} \approx 0; \qquad J_\mathrm{II} = 40\,\mathrm{kg\,m^2}; \quad J_\mathrm{III} = 80\,\mathrm{kg\,m^2};$$
$$r_\mathrm{I} = 10\,\mathrm{cm}; \quad r_\mathrm{II} = 40\,\mathrm{cm}; \qquad r_\mathrm{III} = 80\,\mathrm{cm}.$$

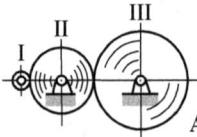

Abb. A7-29

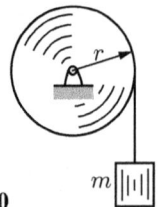

Abb. A7-30

7-30   Mit der skizzierten Anordnung ist es möglich, Trägheitsmomente rotierender Massen zu bestimmen. Dabei kann man die Beschleunigung der Masse m z. B. durch eine Zeitmessung für eine vorgegebene Fallhöhe ermitteln. Der Einfluss der konstant angenommenen Lagerreibung kann durch Wiederholung des Versuches mit einer anderen Masse eliminiert werden. Es ist eine allgemeine Gleichung für J abzuleiten, in der die beiden Massen und deren Beschleunigungen, jedoch nicht die Lagerreibung, enthalten sind.

7-31   In dem skizzierten System sollen durch einen Beschleunigungsversuch die auf die Wellen I und II reduzierten Trägheitsmomente bestimmt werden. Dazu wird die Zeit t gestoppt, die die Masse m nach dem Loslassen für den Weg h braucht. Es sind allgemeine Gleichungen in Abhängigkeit von m; h; t; r und i aufzustellen.

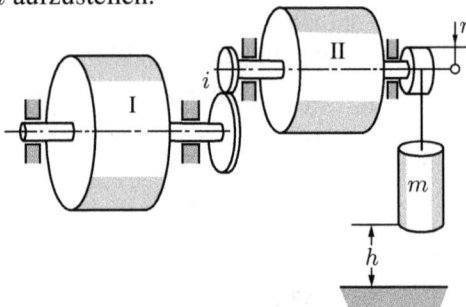

Abb. A7-31

7-32 Die Aufgaben 6-41/43/45/47/48 sind nach dem Prinzip von D'ALEMBERT zu
bis 36 lösen.

7-37 Für das System 6-44 sind die maximale Beschleunigung und Seilkraft zu
bestimmen.

Die Drehung um Achsen, die parallel zu den Hauptachsen liegen (7.2.3)

7-38 Die Aufgabe 6-49 ist nach dem Prinzip von D'ALEMBERT zu lösen.

7-39 Der homogene Stab rotiert im Uhrzeigersinn in der skizzierten Position mit
einer Drehzahl n, wobei ein Moment M angreift. Zu bestimmen sind die
Auflagerreaktionen in A und B.

Stab: $m = 50\,\text{kg}; \quad l = 1{,}0\,\text{m}; \quad n = 0{,}60\,\text{s}^{-1}; \quad M = 150\,\text{Nm}$.

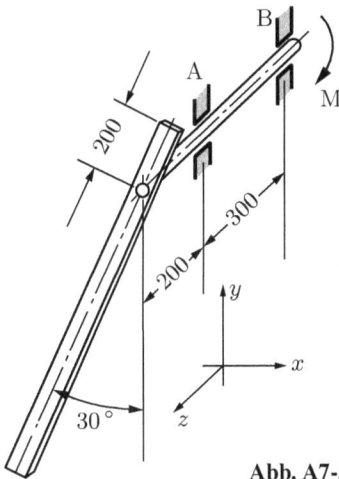

Abb. A7-39

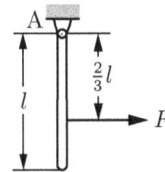

Abb. A7-40

7-40 Ein homogener Stab (Masse m) ist in A gelenkig gelagert und hängt frei her-
unter. Es greift nach Skizze eine Kraft F an. Zu bestimmen sind in allgemeiner
Form die Auflagerreaktionen in A unmittelbar nach dem Kraftangriff und die
Winkelbeschleunigung des Stabes.

7-41 Die homogene Kreisscheibe klappt von Ruhe aus
von der Position 1 im Uhrzeigersinn herum. Zu
bestimmen ist die Gelenkkraft in A, wenn die
Scheibe sich in der Position 2 befindet.

$m = 100\,\text{kg}; \quad r = 400\,\text{mm};$

$\overline{\text{MA}} = 200\,\text{mm}.$

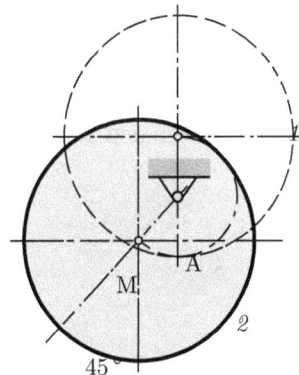

Abb. A7-41

7-42　Die homogene Platte ist nach Skizze gelagert. Die
Stütze B versagt. Zu bestimmen sind die Auflager-
reaktionen in A unmittelbar nach dem Bruch von
B und die Winkelbeschleunigung der einsetzenden
Drehung. Lösung allgemein und für

$$m = 200\,\text{kg}; \quad b = 1{,}0\,\text{m}; \quad h = 0{,}50\,\text{m} \, .$$

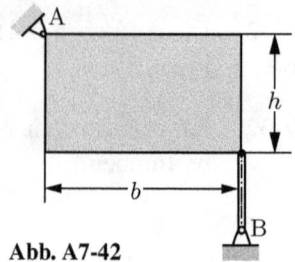

Abb. A7-42

Die allgemeine Bewegung des starren Körpers (7.2.4)

7-43　Die Aufgabe 6-55 soll mit dem Prinzip von D'ALEMBERT gelöst werden. Dazu
soll der Ansatz zunächst in allgemeiner Form durchgeführt und dann für den
Zeitpunkt $t = 0$ ausgewertet werden. Zu bestimmen sind die Beschleunigungen a und α und die Bodenkraft F_u.

7-44
bis 47　Die Aufgaben 6-56/57/60/61 sind nach dem d'Alembertschen Prinzip zu lösen.

7-48　Eine homogene Walze wird nach Skizze mit einer Platte geschoben. Für die
Berührungsstellen A und B wird eine Reibungszahl geschätzt. Ist die Kraft F
zu groß, dann wird die Walze in B gleiten. Wie groß darf die Kraft F maximal
werden, wenn die Walze in B ohne zu gleiten rollen soll? Wie hoch ist dabei
die Beschleunigung der Walze? Lösung allgemein und für

$$m = 100\,\text{kg}; \quad \mu = 0{,}1 \, .$$

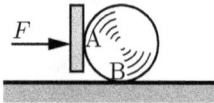

Abb. A7-48

Die Drehung um Achsen, die mit den Hauptachsen einen Winkel bilden (7.2.5)

7-49　Der Autoreifen 6-36 läuft nicht ausgewuchtet mit $v = 140\,\text{km/h}$. Zu bestimmen ist das dabei durch die Unwuchten verursachte Moment.

7-50　Die Turbinenscheibe 6-37 rotiert mit $\omega = 1000\,\text{s}^{-1}$. Zu bestimmen ist die
durch den Winkelfehler verursachte zusätzliche Lagerbelastung.

7-51 Die skizzierte Scheibe mit der Masse pro Fläche von $10\,\text{kg/m}^2$ rotiert mit $\omega = 10\,\text{s}^{-1}$ um die Achse AA. Zu bestimmen ist das durch die Rotation verursachte Zentrifugalmoment.

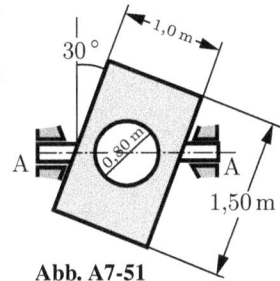

Abb. A7-51

7-52 Das skizzierte System besteht aus dem rotierenden, vertikalen Stab, der über ein reibungsfreies Gelenk A mit einem zweiten, homogenen Stab der Länge l verbunden ist. Bei genügend hoher Winkelgeschwindigkeit beschreibt dieser einen Kegelmantel. Zu bestimmen ist in allgemeiner Form der halbe Kegelwinkel δ in Abhängigkeit von ω und die minimale notwendige Winkelgeschwindigkeit.

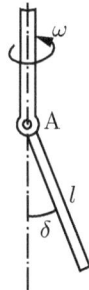

Abb. A7-52

7-53 Der Rührer 6-38/39 rotiert mit einer Drehzahl von $n = 100\,\text{min}^{-1}$. Er ist aus Material mit einer Masse von $2{,}0\,\text{kg/m}$ gefertigt. Für die nachfolgend aufgeführten Fälle sind die durch die Rotation zusätzlich verursachten Belastungen der Lager A und B zu bestimmen

a) Rührer ohne Zusatzmassen,

b) Rührer mit der Zusatzmasse $m_1 = 0{,}725\,\text{kg}$,

c) Rührer mit den Zusatzmassen m_1 und $m_2 = m_3 = 0{,}60\,\text{kg}$.

Die Fälle a) b) c) entsprechen den Zuständen ungewuchtet, statisch gewuchtet, dynamisch gewuchtet (vergl. 6-38/39).

8 Die Energie

Die Anwendung des Energiesatzes auf den Massenpunkt
(8.1 bis 8.3)

8-1   In dem System Abb. A6-3 wird die Masse B mit konstanter Geschwindigkeit gehoben. Zu bestimmen ist die Leistung ohne Berücksichtigung von Verlusten. Das in Aufgabe 6-3 gegebene Antriebsmoment gilt hierbei nicht.

$$v_\mathrm{B} = 2{,}5\,\mathrm{m/s}; \quad m_\mathrm{A} = 6000\,\mathrm{kg}; \quad m_\mathrm{B} = 5000\,\mathrm{kg}\,.$$

8-2   Im System Abb. A6-7 wird das Seil auf der Trommel mit konstanter Geschwindigkeit v aufgewickelt. Zu bestimmen ist die vom Seil übertragene Leistung. Das in der Aufgabe 6-7 gegebene Moment gilt hierbei nicht.

$$v = 3{,}0\,\mathrm{m/s}; \quad m = 5000\,\mathrm{kg}; \quad \mu = 0{,}05\,.$$

8-3   Ein Pkw ($m = 900\,\mathrm{kg}$) fährt mit konstanter Geschwindigkeit $v = 120\,\mathrm{km/h}$ eine Steigung von $10\,\%$ hinauf. Dabei beträgt die durch die Umgebungsluft verursachte Widerstandskraft etwa $550\,\mathrm{N}$, die durch Rollreibung verursachte Widerstandskraft etwa $150\,\mathrm{N}$. Der Wirkungsgrad der Leistungsübertragung von der Motorkupplung zu den Rädern wird mit $\eta = 0{,}88$ angenommen. Zu bestimmen sind

a) die auf die Fahrbahn übertragene Leistung für die Steigfahrt,
b) die abgegebene Motorleistung für a),
c) die bei Steigfahrt a) mögliche Beschleunigung, wenn der Motor bei der gerade vorhandenen Drehzahl eine maximale Leistung (durchgetretenes Gaspedal) von $70\,\mathrm{kW}$ abgeben kann,
d) die für a) mindestens notwendige Reibungszahl Reifen/Straße für Vorderradantrieb, wenn diese Achse mit $0{,}60 \cdot m \cdot g$ belastet ist,
e) die für die maximale Beschleunigung auf der Steigung notwendige Reibungszahl Reifen/Straße für die oben gemachten Angaben.

8-4   Der Motor des Hubwerkes 2-22 nimmt eine Leistung P auf. Dabei werden die beiden Lasten mit der Geschwindigkeit v bewegt. Unter Vernachlässigung der Trägheitsmomente und der Reibung ist die Beschleunigung der Lasten zu bestimmen.

$$P = 40{,}0\,\text{kW}; \quad m_A = 3000\,\text{kg}; \quad m_B = 1000\,\text{kg}; \quad v = 1{,}0\,\text{m/s}\,.$$

**8-5
bis 6** Die Lösungen der Aufgaben 4-4 und 4-5 sind mit Hilfe des Leistungsbegriffes zu kontrollieren.

**8-7
bis 12** Die Aufgaben 6-1 bis 6-6 sind mit dem Energiesatz zu lösen.

8-13 In dieser Aufgabe soll die dynamische Belastung eines elastischen Systems behandelt werden. Als Beispiel für ein solches soll ein eingespannter, horizontaler Träger betrachtet werden, auf dessen Ende eine Masse m aus der Höhe h fällt. Vorausgesetzt sei, dass die Trägermasse wesentlich kleiner als m sei. Unter diesen Umständen können die Stoßverluste vernachlässigt werden. Die Quotienten $w_{\text{dyn}}/w_{\text{stat}}$; $F_{\text{dyn}}/F_{\text{stat}}$; $\sigma_{\text{dyn}}/\sigma_{\text{stat}}$ sind in Abhängigkeit von h und w_{stat} zu ermitteln. Für einen Träger I 100; $l = 1{,}00\,\text{m}$, auf dessen Ende eine Masse m von 100 kg aus einer Höhe $h = 10\,\text{mm}$ fällt, sind die Gleichungen auszuwerten.

8-14 Bei der Prüfung von Bergsteigerseilen wird eine frei fallende Masse von dem Seil aufgefangen. Gemessen wird dabei u. a. die maximale dynamische Verlängerung. Für eine Fallhöhe h und eine Verlängerung Δl_{max} sind die maximale Seilkraft und Verzögerung der Masse zu bestimmen. Lösung allgemein und für

$$m = 70\,\text{kg}; \quad h = 8{,}0\,\text{m}; \quad \Delta l_{\text{max}} = 1{,}10\,\text{m}\,.$$

Hinweis: Das Seil wird als ideal elastisch angenommen.

8-15 Die skizzierte Zugstange wird durch die Masse m dynamisch belastet. Aus welcher Höhe h kann diese maximal fallen, wenn die dynamische Belastung nicht höher als das zehnfache der statischen Belastung sein darf?

$$m = 100\,\text{kg}; \quad \text{Stangenquerschnitt } A = 0{,}50\,\text{cm}^2; \quad l = 100\,\text{cm}\,.$$

Hinweis: es ist zweckmäßig, die Aufgabe 8-13 allgemein zu lösen und das Ergebnis zu verwenden.

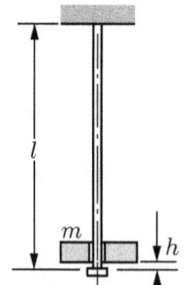

Abb. A8-15

8-16 Eine Last wird mit der Geschwindigkeit v an einem Seil herabgelassen. Eine Feder soll nach Skizze eingebaut werden, so dass beim plötzlichen Blockieren der Seiltrommel die maximale Seilkraft das k-fache des Lastgewichtes nicht überschreitet. Für diese Bedingung ist die Federkonstante c zu bestimmen. (Hinweis: die Federkonstante des Seiles soll nicht berücksichtigt werden, weil die Federwirkung auch bei kurzem Seil gewährleistet sein muss). Lösung allgemein und für

$$m = 1000\,\text{kg}; \quad v = 0,80\,\text{m/s}; \quad k = 2,0\,.$$

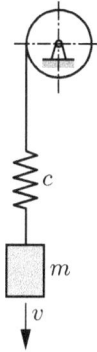

Abb. A8-16
A9-3

8-17 In dem abgebildeten System gleitet die Muffe m von Ruhe aus von der Position 1 mit einer konstanten Reibungskraft von F_R nach unten. Zu bestimmen ist die Geschwindigkeit in der Position 2, wenn in 1 die Feder gerade ungespannt ist.

$$m = 10,0\,\text{kg}; \quad F_R = 50\,\text{N}; \quad c = 1,0\,\text{N/mm}\,.$$

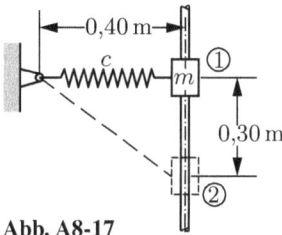

Abb. A8-17

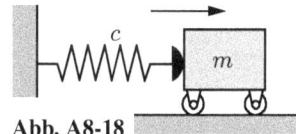

Abb. A8-18

8-18 Eine Masse wird von einer um f zusammengedrückten Feder abgestoßen. Für den Abstoßpunkt gilt $s = 0$. Zu bestimmen sind
a) die Beschleunigungen für $s = f$; $f/2$; 0,
b) die von der Feder insgesamt verrichtete Arbeit,
c) die maximale Geschwindigkeit von m.
Lösung allgemein und für

$$m = 12,0\,\text{kg}; \quad f = 40\,\text{mm}; \quad c = 1,50\,\text{N/mm}\,.$$

8-19 Ein PKW ($m = 800\,\text{kg}$) fährt frontal mit $v = 50\,\text{km/h}$ auf ein unnachgiebiges Hindernis. Für die nachfolgend gemachten Annahmen sollen maximal wirkende Kraft, Stoßdauer und mittlere und maximale Verzögerung geschätzt werden
1. Der Wagen deformiert sich beim Stoß um $0,60\,\text{m}$,
2. die Kraft ändert sich in erster Näherung linear mit dem Weg,
3. die Kraft ändert sich in erster Näherung auch linear mit der Zeit. (Bedingung 2. und 3. stimmen nicht genau überein).

8-20 Ein Wagen A rollt nach Skizze reibungsfrei eine Rampe herunter und stößt auf einen mit blockierten Bremsen stehenden Wagen B. Die Wagen werden dabei zusammengekoppelt. Im Abstand l_B von B entfernt steht ein Prellbock. Zwi-

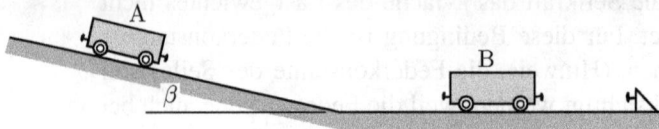

Abb. A8-20

schen den blockierten Rädern von B und den Schienen wird eine Reibungszahl μ angenommen. Zu untersuchen ist, ob die Wagen gegen den Bock prallen und wenn ja, mit welcher Geschwindigkeit sie es tun.

$$m_A = 10000\,\text{kg}; \quad m_B = 8000\,\text{kg}; \quad l_B = 8{,}0\,\text{m}; \quad \mu = 0{,}1;$$
$$\text{Rampe: } l = 20\,\text{m}; \quad \beta = 5°.$$

8-21 Eine Masse läuft reibungslos nach Skizze auf einer Kreisbahn mit der Geschwindigkeit v_1. Im Fall a) wird sie von einem Faden auf der Bahn gehalten, der durch eine Plattenöffnung nach innen gezogen wird, im Fall b) wickelt sich der Faden auf einem dünnen Stab auf. Zu bestimmen sind für a) und b) die Geschwindigkeit, die Änderung der Energie und des Dralls, wenn sich der Abstand zum Zentrum auf die Hälfte verringert hat.

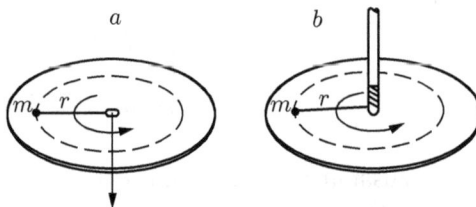

Abb. A8-21

Die Energie des kontinuierlichen Massenstroms (8.4)

8-22 Die für den Vortrieb eines Flugzeuges nutzbare Leistung ist $S \cdot u$ (S = Schubkraft, u = Fluggeschwindigkeit). Die im Propellerstrahl hinter dem Flugzeug vorhandene Energie ist für den Antrieb als Verlust anzusehen. Aus diesen Überlegungen ist zu beweisen, dass der Vortriebswirkungsgrad

$$\eta = \frac{2u}{u + v}$$

ist (v = Luftgeschwindigkeit im Propellerstrahl relativ zum Flugzeug).

8-23 Die Leistung eines Propellerstrahles von 2,0 m Durchmesser mit einer Luftgeschwindigkeit von $v = 100\,\text{m/s}$ ist für eine Dichte der Luft $\varrho = 1{,}2\,\text{kg/m}^3$ zu bestimmen.

8-24 Aus dem skizzierten Behälter läuft durch die Mündung d Wasser frei aus. Durch einen Zufluss wird der Flüssigkeitsspiegel konstant gehalten. Unter Vernachlässigung der Verluste ist die Höhe h des Spiegels im Standglas in Abhängigkeit von H; D und d zu bestimmen.

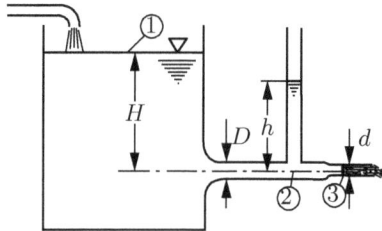

Abb. A8-24

Die Drehung des starren Körpers (8.5.2)

8-25 Ein Rotor wird mit einem konstant angenommenen Moment von Ruhe aus auf eine Drehzahl n_1 beschleunigt. Während der Beschleunigungsphase dreht sich der Rotor z_1 mal. Zu bestimmen sind allgemein und für die gegebenen Daten

a) die Größe des Moments,

b) die Beschleunigungszeit t_1,

c) die maximale Leistung,

d) die Gleichung $P = f(t)$ und eine qualitative Skizze dieser Abhängigkeit.

$J = 75{,}0\,\mathrm{kg\,m^2}$; $n_1 = 1500\,\mathrm{min^{-1}}$; $z_1 = 250$.

8-26 In dem System 6-3 soll das Trägheitsmoment $J = 300\,\mathrm{kg\,m^2}$ in die Rechnung einbezogen werden. Mit dieser Erweiterung soll die Aufgabe 6-3 mit dem Energiesatz gelöst werden.

8-27 bis 29 Die Aufgaben 6-43/45/48 sind mit dem Energiesatz zu lösen.

8-30 Der homogene Stab 6-62 ($m = 10\,\mathrm{kg}$; $l = 1{,}2\,\mathrm{m}$) fällt von der skizzierten Position aus auf die horizontale Unterlage. Die Stoßzahl des Puffers, der im Abstand $(2/3)\,l$ angebracht ist, wird zu 0,7 geschätzt. Auf welche Höhe springt der Stab zurück (Schwerpunktlage)? Wie groß ist der Stoßverlust?

8-31 Der skizzierte homogene Block fällt von der Position 1 und schlägt in der Position 2 unelastisch gegen eine gleich große Masse, die von einem Stoßdämpfer gehalten wird. Dieser fängt den Schlag auf einem Weg s auf. Für die nachstehend gegebenen Daten sind die mittlere Kraft und die entstehende Wärme im Stoßdämpfer zu bestimmen.

$$m = 40{,}0\,\mathrm{kg}; \quad s = 4{,}0\,\mathrm{mm}; \quad b = 100\,\mathrm{mm};$$
$$h = 300\,\mathrm{mm}; \quad l = 100\,\mathrm{mm}.$$

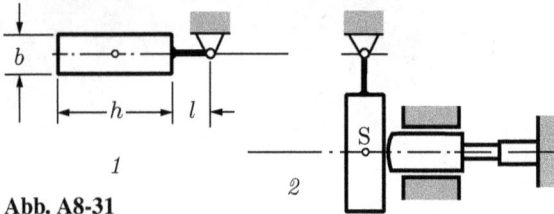

Abb. A8-31

8-32   Der abgebildete Wagen rollt nach unten. In dem Zeitpunkt, in dem die Geschwindigkeit gerade v_1 beträgt, setzt die Bremsung ein und bringt den Wagen auf einer Strecke s zum Stillstand. Unter der Voraussetzung einer gleichmäßigen Verzögerung sind zu bestimmen

a)   die in der Bremse erzeugte Reibungswärme,
b)   das Bremsmoment für $r = 200\,\mathrm{mm}$,
c)   die mittlere und die maximale Bremsleistung.

$$m = 200\,\mathrm{kg}; \quad v_1 = 3{,}0\,\mathrm{m/s}; \quad s = 2{,}0\,\mathrm{m}.$$

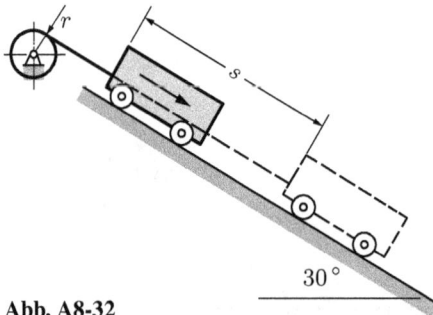

Abb. A8-32

8-33   Zwei Massen, die nach 6-51 mit unterschiedlichen Drehzahlen frei umlaufen, werden gekuppelt. In allgemeiner Form ist die dabei in der Kupplung auftretende Wärme zu berechnen.

Die allgemeine Bewegung des starren Körpers (8.5.3)

8-34   Die Aufgaben 6-56/57/60 sind mit dem Energiesatz zu lösen.
bis 36

8-37   Für den fallenden Stab 6-66 ist in Abhängigkeit von m und v_1 der Stoßverlust zu berechnen.

8-38 Der skizzierte homogene Block rutscht gegen einen Anschlag und kippt dabei nach rechts um. Wie groß muss mindestens die Geschwindigkeit unmittelbar vor dem Stoß gewesen sein?

$$h = 1{,}0\,\text{m}; \quad b = 2{,}0\,\text{m}.$$

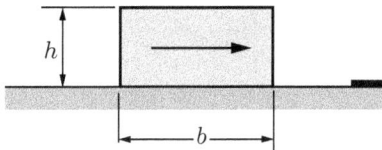

Abb. A8-38

8-39 Ein Rohr rollt nach Skizze mit der Geschwindigkeit v_0. Die Rampe soll diese Geschwindigkeit um $70\,\%$ reduzieren, bevor das Rohr von vier Stoßdämpfern aufgefangen wird. Zu bestimmen sind allgemein und für die Daten

a) die Höhe h der Rampe,
b) die von den Stoßdämpfern aufzunehmende Energie,
c) die mittlere Kraft in den Stoßdämpfern für einen Auffangweg s.

$$m = 400\,\text{kg}; \quad v_0 = 3{,}0\,\text{m/s}; \quad s = 50\,\text{mm}.$$

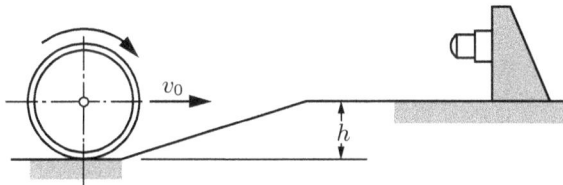

Abb. A8-39

8-40 Ein homogener Stab fällt nach Skizze reibungsfrei und von Ruhe aus von der Position 1 in die Position 2. Zu bestimmen sind die Geschwindigkeiten v_{A2} und v_{B2}.

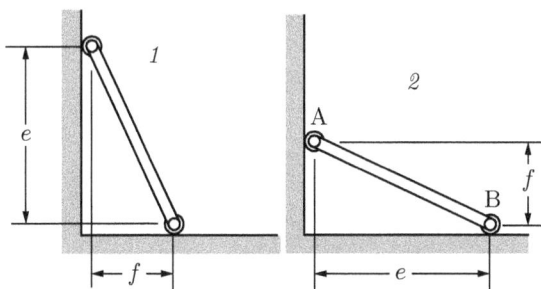

Abb. A8-40

8-41   Für den skizzierten homogenen Stab, der in A reibungslos gelagert ist, ist die Abmessung x so zu bestimmen, dass beim Loslassen aus der horizontalen Lage die Winkelgeschwindigkeit in vertikaler Position ein Maximum ist.

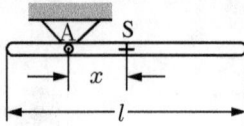

Abb. A8-41

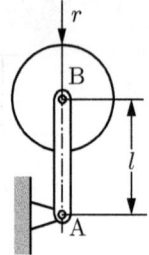

Abb. A8-42

8-42   Das skizzierte System besteht aus der homogenen Scheibe ($m = 20\,\text{kg}$; $r = 0,5\,\text{m}$) und dem homogenen Stab ($m = 10\,\text{kg}$; $l = 1,0\,\text{m}$), die in B miteinander verbunden sind. Das System klappt reibungslos um $180°$ um. Für diese Lage ist die Winkelgeschwindigkeit zu bestimmen, wenn

a)   in B Stange und Scheibe starr verbunden sind,

b)   in B ein reibungsloses Lager ist.

8-43   Eine volle und eine leere Bierflasche rollen aus gleicher Höhe eine schiefe Ebene hinab. Mit Hilfe des Energiesatzes ist zu entscheiden, welche für das Herunterrollen weniger Zeit braucht. Das Ergebnis sollte experimentell geprüft werden.

9 Mechanische Schwingungen

Hinweis: Falls nichts Gegenteiliges in den Aufgaben formuliert ist, sind die Massen der Federn wesentlich kleiner als die der Schwinger. Zur Berücksichtigung der Federmasse siehe Lehrbuch, Abschnitt 9.1.1.

Freie, ungedämpfte Schwingungen (9.1)

9-1 Die Eigenfrequenz und die Schwingungszeit des skizzierten Systems sind zu bestimmen. $c_1 = 20\,\text{N/mm}$; $c_2 = 30\,\text{N/mm}$; $m = 100\,\text{kg}$.

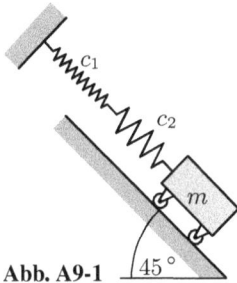

Abb. A9-1

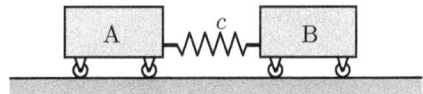

Abb. A9-2

9-2 Die Eigenfrequenz des skizzierten Systems ist in allgemeiner Form zu bestimmen.

9-3 Die Aufgabe 8-16 soll als Schwingungsproblem gelöst werden.

9-4 Das System besteht aus der Muffe m, die reibungslos auf der Stange gleitet und der Feder c, die mit der Kraft F_{S_0} vorgespannt ist. Für kleine Schwingungsamplituden A ist die Eigenfrequenz abzuleiten. (Hinweis: Für kleine Amplituden Federkraft = konst. = F_{S_0}. System freimachen, Schwingungsgleichung aufstellen).

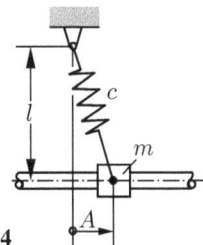

Abb. A9-4

9-5 Das in Abb. A9-5 skizzierte, idealisierte Schwingungssystem ist bei Nichtberücksichtigung aller Federmassen durch Auswahl der Schraubenfedern auf eine Frequenz der vertikalen Eigenschwingungen von $f_0 = 4\,\text{Hz}$ abzustimmen.

Masse: $m = 90\,\mathrm{kg}$;

Träger: U-Profil DIN 1771 – AlMgSi 1 F 22 – R60 × 30 × 4 × 4

mit $I_x = 23{,}7\,\mathrm{cm}^4$, $l = 1000\,\mathrm{mm}$, $E = 8 \cdot 10^4\,\mathrm{N/mm}^2$.

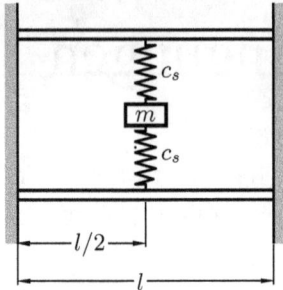

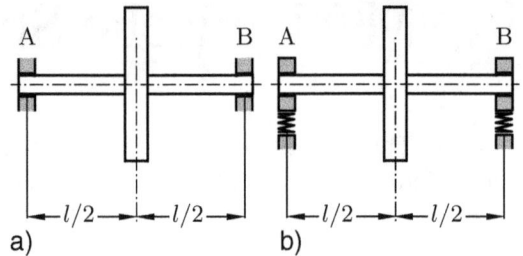

a)   b)

Abb. A9-5   **Abb. A9-6**

9-6   Für den in Abb. A9-6a) skizzierten Rotor sollen experimentell die Feder-
            konstante c_W der Welle und die Größe der schwingenden Masse bestimmt
            werden. Dazu wird der Rotor langsam hochgefahren, wobei die Amplitu-
            de gemessen wird. Die Eigenfrequenz $f_{01} = n_1$ ergibt sich beim maximalen
            Schwingungsausschlag. Der Versuch wird wiederholt, nachdem die Lager der
            Welle auf Federblöcke mit der Federkonstanten c entsprechend Abb. A9-6b)
            gelegt wurden. Die Führung der Lager erzwingt eine Schwingung in Richtung
            der Federachsen. Es sind in allgemeiner Form Bestimmungsgleichungen für m
            und c_W aufzustellen und für $n_1 = 25{,}0\,\mathrm{s}^{-1}$, $n_2 = 5{,}0\,\mathrm{s}^{-1}$ und $c = 30\,\mathrm{N/mm}$
            auszuwerten.

9-7   Das skizzierte System besteht aus einem homogenen Balken, der federnd gela-
            gert und an zwei langen Stangen geführt ist. Dieses System könnte das Modell
            für eine Schüttelrutsche sein. In allgemeiner Form und für die nachfolgend
            gegebenen Werte ist die Eigenfrequenz für kleine Amplituden zu bestimmen.
            Die Winkelangaben gelten für die statische Ruhelage.

$$m = 300\,\mathrm{kg}; \quad c = 2{,}0\,\mathrm{kN/mm}; \quad \gamma = 40°; \quad \beta = 70°.$$

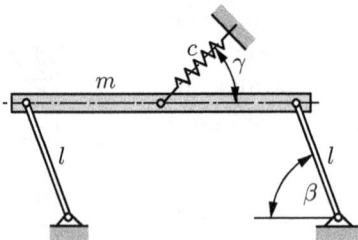

Abb. A9-7

9-8   Für ein Feder-Masse-System sind weder die Federkonstanten noch die Größe
            der Masse bekannt. Jedoch kann z. B. über eine Zeitmessung die Eigen-

frequenz f_{01} bestimmt werden. Es wird an der Masse A eine bekannte Zusatzmasse B befestigt und für das so geänderte System die Eigenfrequenz f_{02} gemessen. Es sind Gleichungen aufzustellen, die aus den bekannten Größen die Berechnung von m_A und c gestatten.

9-9 Ein mathematisches Pendel und ein Feder-Masse-System befinden sich in einem Fahrstuhl, der

a) mit a nach oben beschleunigt,

b) mit a nach oben verzögert wird.

Zu bestimmen sind in allgemeiner Form die Eigenkreisfrequenzen.

9-10 Für ein mathematisches Pendel der Länge $l = 1{,}0\,\text{m}$, das mit dem Amplitudenwinkel von $\varphi = 5°$ schwingt, sind maximale Geschwindigkeit und Beschleunigung zu bestimmen.

9-11 Ein starrer, gerader Stab der Länge L mit der Masse m an seinem freien Ende ist als mathematisches Pendel idealisiert.

Durch eine Zusatzmasse m_z, die im Abstand l vom Drehpunkt am Stab angebracht wird, soll das Schwingungsverhalten beeinflusst werden.

a) In allgemeiner Form sind die Gleichungen für die Eigenfrequenzen mit und ohne Zusatzmasse für kleine Schwingungsausschläge zu formulieren.

b) Es ist die Auswirkung der Anbringung der Zusatzmasse zwischen Drehpunkt und Masse oder außerhalb derselben (Stabverlängerung) auf die Eigenfrequenz zu untersuchen, als Gleichung zu formulieren und zu kommentieren.

9-12 Abgebildet ist eine auf Pendelstützen gelagerte Bühne, die seitlich elastisch gehalten wird. In allgemeiner Form ist die Eigenfrequenz für die starr angenommene Bühne zu bestimmen. Welche Konstanten müssen die Federn mindestens haben, damit die Bühne nach einer Auslenkung wieder in die Mittellage gedrückt wird?

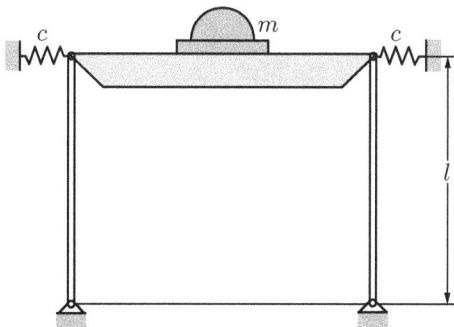

Abb. A9-12

9-13   In Abb. A9-13 sind Drehschwinger aus Stahl jeweils in der statischen Gleich-
gewichtslage dargestellt. In lotrechter Lage sind die Federn, $c = 15\,\text{N/cm}$,
ungespannt.

Für kleine Ausschläge sind die Schwingungsgleichungen zu formulieren und
die Eigenfrequenzen gemäß a), b) und c) zu berechnen.

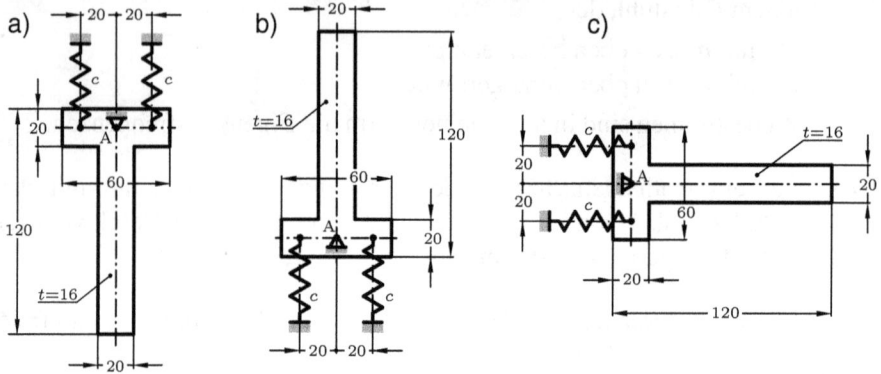

Abb. A9-13

9-14   Der skizzierte federgefesselte Drehschwinger
wird gering ausgelenkt und sich selbst überlassen.

Unter der Annahme einer ungedämpften, freien
Schwingung ist bei Vernachlässigung der Reibung
die Bewegungsgleichung aufzustellen und mit den
gegebenen Werten die Schwingungsdauer T_0 zu
berechnen.

$D = 400\,\text{mm};$ $c_1 = 150\,\text{N/m};$
$d = 180\,\text{mm};$ $c_2 = 200\,\text{N/m};$
$J_A = 0{,}20\,\text{kg m}^2;$ $m = 50\,\text{kg}.$

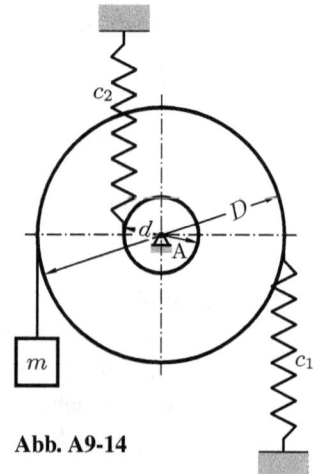

Abb. A9-14

9-15   Für das skizzierte System sind für die nachfolgend gegebenen Daten die Eigenkreisfrequenz,
die maximale Beschleunigung und die maximale
Geschwindigkeit zu bestimmen.

$m = 10\,\text{kg};$ $c = 100\,\text{N/mm};$

Amplitude $A = 1{,}0\,\text{cm};$ $\alpha = 45°.$

Die Querstange kann als starr und leicht angesehen werden.

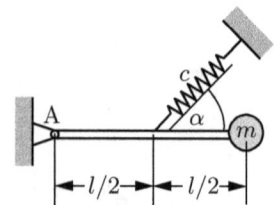

Abb. A9-15

9-16 Das System besteht aus der homogenen Stange der Masse m, die an den Enden reibungslos in den senkrecht zueinander stehenden Schienen geführt wird. An einem Ende ist die Feder c befestigt. Zu bestimmen ist in allgemeiner Form die Eigenkreisfrequenz für kleine Amplituden. (Hinweis: Drehung um den momentanen Drehpol).

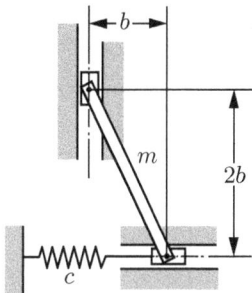

Abb. A9-16

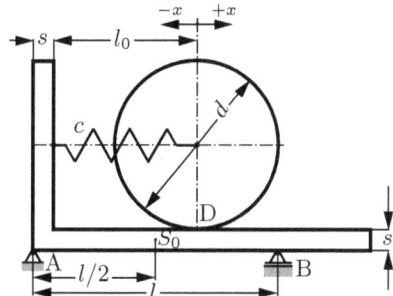

Abb. A9-17

9-17 Die nach Abb. A9-17 gleitfrei auf der gewinkelten Auflageschiene rollende, federgefesselte Walze, führt eine harmonische Schwingung mit einem Ausschlag $A = 16\,\text{mm}$ aus.

Für die Walze ist die Schwingungsdifferentialgleichung aufzustellen und für die gegebenen Werte die Eigenkreisfrequenz zu berechnen.

Die maximalen Kräfte in den Lagern A und B sind zu berechnen.

Wie groß sind die prozentualen Abweichungen der Lagerbelastungen gegenüber der statischen Ruhelage des Systems?

Walze:	$d = 220\,\text{mm}$,	$m_W = 23{,}872\,\text{kg}$,	$J_S = 0{,}144\,\text{kg}\,\text{m}^2$
Auflageschiene:	$s = 50\,\text{mm}$,	$m\ \ = 31{,}086\,\text{kg}$	
Feder:	$c = 1{,}2\,\text{kN/mm}$		
Längen:	$l = 330\,\text{mm}$,	$l_0\ \ = 190\,\text{mm}$.	

9-18 Das skizzierte System besteht aus einer homogenen Walze, die auf einer schiefen Ebene liegt, und der Feder c. Zunächst wird die Walze so festgehalten, dass die Feder entspannt ist. Aus dieser Lage wird die Walze losgelassen, und es setzt eine Schwingung ein, bei der die Walze ohne zu gleiten rollt. Zu bestimmen sind für die nachfolgend gegebenen Daten

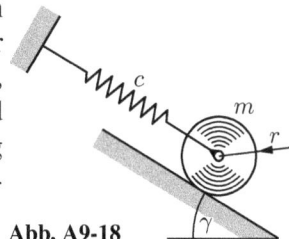

Abb. A9-18

a) die Amplitude A,
b) die Eigenkreisfrequenz ω_0,
c) die maximale Geschwindigkeit v und Beschleunigung a,
d) die minimale Reibungszahl μ für Rollen ohne zu gleiten.
(Hinweis: im ausgeschwungenen Zustand frei machen)
$m = 10\,\text{kg}$; $\quad r = 0{,}10\,\text{m}$; $\quad c = 1\,\text{N/mm}$; $\quad \gamma = 30°$.

9-19 Das abgebildete System besteht aus einem federnd gelagerten, homogenen Balken, an dessen Ende eine Masse in einer Führung hängt. Es entspricht einem Ventiltrieb eines Kolbenmotors. Zu bestimmen sind für kleine Amplituden und vernachlässigbare Reibung die Eigenfrequenz und mit $f_e = f_0$ die durch die Schwingung verursachte Zusatzbelastung des Gelenkes D, wenn der Stab im oberen Totpunkt ist.

$$m_A = 3{,}0\,\text{kg};\quad m_B = 1{,}0\,\text{kg};\quad l = 400\,\text{mm};$$
$$c = 60\,\text{N/mm};\quad \text{Amplitude } \varphi_A = 2\cdot 10^{-2}.$$

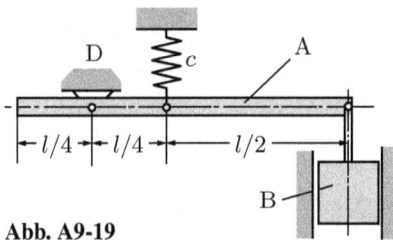

Abb. A9-19

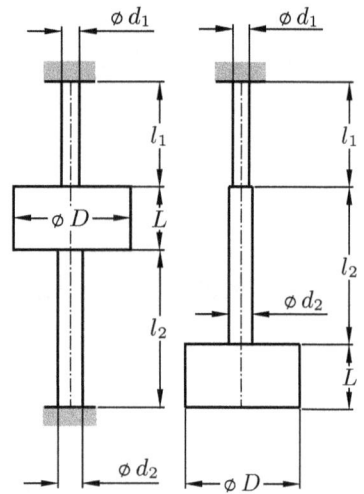

Abb. A9-20

9-20 Für die beiden skizzierten Torsionsschwinger sind die Eigenkreisfrequenzen und die Schwingungsdauer zu berechnen und die Ergebnisse zu kommentieren.

$$d_1 = \ 40\,\text{mm};\quad d_2 = \ 50\,\text{mm};\quad D = 300\,\text{mm};\quad J = 0{,}936\,\text{kg}\,\text{m}^2;$$
$$l_1 = 250\,\text{mm};\quad l_2 = 400\,\text{mm};\quad L = 150\,\text{mm}.$$

9-21 Eine Platte A von bekanntem Trägheitsmoment hängt an einem Torsionsdraht (s. Skizze). Die Eigenkreisfrequenz für die Verdrehung wird mit ω_A bestimmt. Auf die Platte wird zentriert eine Masse B mit unbekanntem Trägheitsmoment gelegt. Für dieses System wird eine Frequenz von ω_B gemessen. Es ist eine Gleichung aufzustellen, aus der J_B berechnet werden kann.

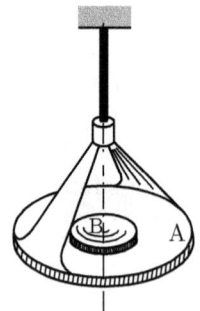

Abb. A9-21

9-22 Eine Masse ist an 3 Fäden gleicher Länge so aufgehängt, dass die Aufhängepunkte im gleichen Abstand r vom Schwerpunkt liegen. Es werden nach Abb. A9-22 Schwingungen kleiner Amplitude angefacht und es wird die Schwingungszeit gemessen. Es soll eine Gleichung für die Berechnung von J_S aufgestellt werden.

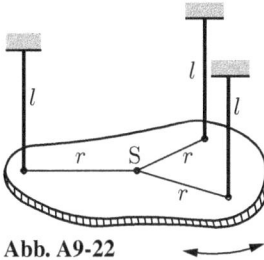

Abb. A9-22

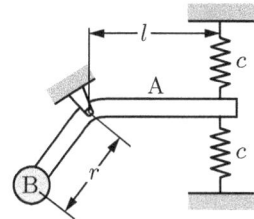

Abb. A9-23

9-23 Es soll das unbekannte Massenträgheitsmoment des skizzierten Winkels A für die Drehachse bestimmt werden. Dazu wird der Winkel im Abstand l mit 2 gleichen Federn unbekannter Federkonstante federnd gelagert. Für dieses System wird die Schwingungszeit, bzw. die die Eigenfrequenz f_{01} gemessen. Dann wird im Abstand r eine bekannte Masse B befestigt. Für dieses System beträgt die Eigenfrequenz f_{02}. In allgemeiner Form ist J_A zu bestimmen.

9-24 Für einen Maschinensatz soll das Massenträgheitsmoment für die Drehachse bestimmt werden. Dazu wird im Abstand von $r = 0,9\,\mathrm{m}$ eine Masse von $20\,\mathrm{kg}$ befestigt. Mit dieser Masse führt der Maschinensatz eine Pendelung kleiner Amplitude mit einer Schwingungszeit von $T = 4,8\,\mathrm{s}$ aus. Mit diesen Werten ist J unter Vernachlässigung der Lagerreibung zu berechnen.

9-25 Für das skizzierte System ist die Eigenfrequenz für Torsionsschwingungen zu bestimmen. Die Zahnräder B und C sind starr, spielfrei und von vernachlässigbarer Masse.

$$J_A = 0{,}70\,\mathrm{kg\,m^2}; \quad J_D = 0{,}20\,\mathrm{kg\,m^2};$$
$$r_B/r_C = 3{,}0\,.$$

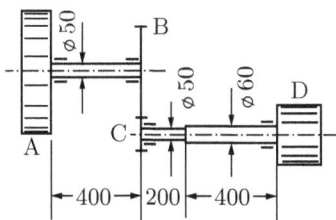

Abb. A9-25

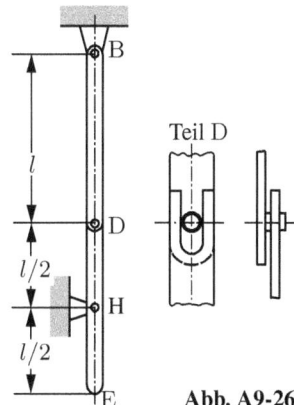

Abb. A9-26

9-26 Ein homogener Stab BD ist in B gelagert und hängt frei herunter. Der Bolzen D gleitet im Schlitz eines zweiten homogenen Stabes DE, der in H gelagert ist. Beide Stäbe haben gleiche Masse. Unter Vernachlässigung von Reibungskräften ist für $l = 1,0\,\mathrm{m}$ die Eigenfrequenz der Pendelung mit kleinen Amplituden zu bestimmen.

Die geschwindigkeitsproportional gedämpfte Schwingung (9.2)

9-27 Der skizzierte Brückenkran ist als Einmassenschwinger idealisiert. Bei einer statischen mittigen Belastung durch $F = 950\,\mathrm{kN}$ wird eine Absenkung des Kraftangriffspunktes um $f = 19\,\mathrm{mm}$ gemessen. Ausschwingversuche ohne Last ergeben eine Periodendauer von $T_d = 0{,}21\,\mathrm{s}$ und eine Abnahme der Amplituden um 20 % nach jeweils einer Periode.

Bei Annahme einer geschwindigkeitsproportionalen Dämpfung sind das logarithmische Dekrement Λ, der Dämpfungsgrad ϑ sowie die Federsteifigkeit c und die Dämpfungskonstante b zu bestimmen.

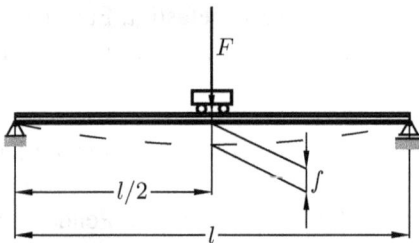

Abb. A9-27

9-28 Blechkonstruktionen werden oft mit einer schwingungsdämpfenden Masse überzogen (Entdröhnen). Um die Wirkung verschiedener Überzugsmassen miteinander zu vergleichen, soll eine Versuchsreihe durchgeführt werden. Gleiche Blechstreifen werden mit den verschiedenen Stoffen beschichtet und als eingespannte Blattfedern für einen mechanischen Schwinger benutzt. Die Masse am Ende wird so gewählt, dass man genügend viele gut messbare Ausschläge erhält. Es sollen gemessen werden: Anfangsamplitude A_0, Amplitude nach 5 Vollschwingungen A_5 und die Zeit T_5 für diese 5 Vollschwingungen. Es sind Auswertungsformeln zur Bestimmung der Abklingkonstanten δ, des logarithmischen Dekrements Λ und Dämpfungsgrades ϑ aufzustellen und für $A_0/A_5 = 6{,}0$ und $T_5 = 4{,}5\,\mathrm{s}$ auszuwerten.

9-29 Die skizzierte homogene Kreisplatte wird von der Feder in horizontaler Lage gehalten. Der mittig angebrachte Schwingungsdämpfer habe eine geschwindigkeitsproportionale Charakteristik. Für die nachfolgend gegebenen Werte sind zu bestimmen

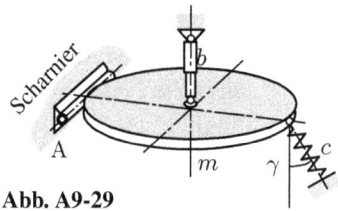

Abb. A9-29

a) die Eigenfrequenz,

b) das logarithmische Dekrement,

c) der Dämpfungsgrad,

d) die Amplitude A_1 nach einer Vollschwingung, wenn durch einen Stoß das Ende der Platte um A_0 ausgelenkt wurde.

$$m = 100\,\text{kg}; \qquad d = 800\,\text{mm}; \qquad c = 50\,\text{N/mm};$$
$$b = 2000\,\text{kg/s}; \qquad A_0 = 5{,}0\,\text{mm}; \qquad \gamma = 30°.$$

9-30 Die abgebildete homogene Rechteckplatte wird von zwei Federn in horizontaler Position gehalten. Der schräg eingebaute Stoßdämpfer soll so dimensioniert werden, dass 1. bei einem Stoß auf die Platte keine Schwingung einsetzt und 2. die Platte in kürzester Zeit in ihre Ursprungslage zurückgeht. Annahme: geschwindigkeitsproportionale Dämpfung.

$$m = 100\,\text{kg}; \qquad c = 1{,}0\,\text{kN/cm}; \qquad l = 1{,}0\,\text{m};$$
$$e = 0{,}70\,\text{m}; \qquad \gamma = 30°.$$

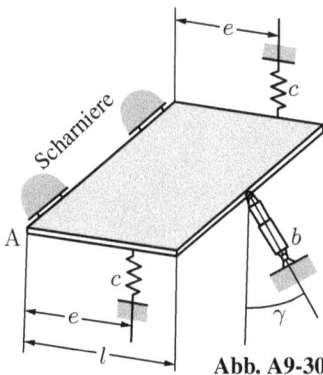

Abb. A9-30

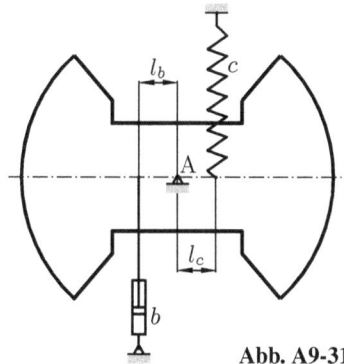

Abb. A9-31

9-31 Für den skizzierten Drehschwinger, mit den Anstoßbedingungen $\varphi(t = 0) = 2{,}5°$ und $\omega(t = 0) = 10\,\text{s}^{-1}$, ist für kleine Ausschläge die Bewegungsgleichung aufzustellen und für die gegebenen Werte der maximale Ausschlagwinkel φ_max zu berechnen sowie die Funktion $\varphi = f(t)$ zu skizzieren.

Für welche Dämpfungskonstante b wird der aperiodische Grenzfall realisiert?

$$c = 450\,\text{N/cm}; \qquad b = 150\,\text{kg/s};$$
$$l_b = 50\,\text{mm}; \qquad l_c = 40\,\text{mm}; \qquad J_A = 0{,}050\,\text{kg\,m}^2.$$

Die erzwungene Schwingung (9.3)

9-32 Ein Motor ist mit der Fundamentplatte (Gesamtmasse $400\,\text{kg}$) auf 4 Federn gelagert (je Feder $c = 250\,\text{N/mm}$). Eine Schwingung ist nur in Vertikalrichtung möglich. Der Rotor ($m = 100\,\text{kg}$) ist gewuchtet. Man kann deshalb von einer Schwerpunktsverlagerung von $5 \cdot 10^{-3}\,\text{mm}$ ausgehen. Der Dämpfungsgrad ϑ einer Stahlfeder beträgt etwa 10^{-2}. Zu bestimmen sind

  a) die kritische Drehzahl,

  b) der maximale Ausschlag, wenn der Motor langsam hochgefahren wird,

  c) die Amplitude für die Betriebsdrehzahl von $2900\,\text{min}^{-1}$.

  d) Es ist zu untersuchen, welchen Anteil die Trägheitskräfte im Resonanzbereich und im Betrieb an der Lagerbelastung haben.

9-33 Eine Bühne ist nach Skizze auf vier eingespannten I-Trägern gelenkig gelagert. Der Steg der Träger liegt in der x-y-Ebene. Die Bühne wird als starr angesehen. Sie ist mit einem Maschinensatz belastet, dessen Rotor gewuchtet ist. Für die nachfolgend gegebenen Daten sind zu berechnen:

  a) die kritische Drehzahl des Systems für Schwingungen in x-Richtung,

  b) die Amplitude dieser Schwingung bei der kritischen und bei der Betriebsdrehzahl.

  Bühne und Maschinensatz $m = 5000\,\text{kg}$,

  Rotor: Masse $m_{\text{rot}} = 800\,\text{kg}$,

            Drehzahl $n = 2930\,\text{min}^{-1}$,

            Exzentrizität $e - 40\,\mu\text{m}$,

  Träger: I 200 $I_z = 2140\,\text{cm}^4$,

            Länge $l = 4{,}00\,\text{m}$,

            Dämpfungsgrad $\vartheta = 0{,}02$.

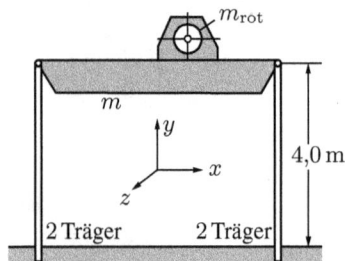

Abb. A9-33

9-34 In einer Maschine, deren Gesamtmasse $300\,\text{kg}$ beträgt, rotieren zwei je $10\,\text{kg}$ schwere Exzenter mit $n = 1500\,\text{min}^{-1}$. Die Exzentrizität beträgt $5\,\text{mm}$. Die auf das Maschinenfundament durch die Unwucht übertragene Kraft ist für den Fall zu berechnen, dass

a) die Maschine starr mit dem Fundament verbunden ist,
b) die Maschine auf einem Federpaket gelagert ist, dessen resultierende Federkonstante $c_{res} = 50\,\text{N/mm}$ beträgt.

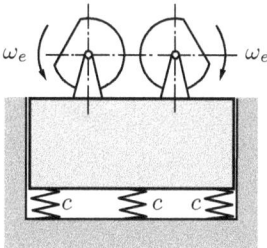 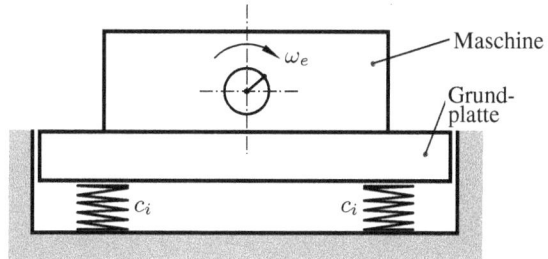

Abb. A9-34 **Abb. A9-35**

9-35 Die skizzierte Maschine mit Grundplatte, Gesamtmasse $m = 2{,}8\,\text{t}$ ist isoliert mit $c = 140\,\text{kN/mm}$ aufgestellt. Sie erhält durch eine Unwucht $U = m_e \cdot e = 11{,}40\,\text{kg} \cdot \text{cm}$ eine Erregung mit der Drehzahl $n_e = 1800\,\text{min}^{-1}$.

a) Unter der Annahme einer ungedämpften Schwingung ist die Schwingungsamplitude zu berechnen.
b) Die unter a) berechnete Schwingungsamplitude soll durch Massenkorrektur halbiert werden.
Welche Massenreduzierung ist an der Grundplatte erforderlich; oder welche Zusatzmasse an der Grundplatte ist hierfür nötig?

9-36 Für die skizzierte Schleudertrommel, die mit konstanter Drehzahl umläuft, ist die Federkonstante c am Lager B so zu bestimmen, dass die biegekritische Drehzahl der Welle auf ca $30\,\%$ des Wertes bei starrer Lagerung reduziert wird.

$$l = 580\,\text{mm}; \qquad a = 248\,\text{mm}; \qquad m = 4{,}20\,\text{kg}; \qquad n = 2800\,\text{min}^{-1}.$$

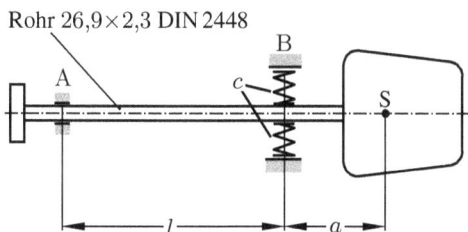

Rohr $26{,}9 \times 2{,}3$ DIN 2448

Abb. A9-36

Lösungen

Hinweis: Angegebene Seitenzahlen und Gleichungsnummern beziehen sich auf das Lehrbuch „Technische Mechanik", Band 3, von den gleichen Verfassern.

Lösungen zu Kapitel 2

2-1 a) $\Delta t = \dfrac{l_A}{v_A} - \dfrac{l_B}{v_B}$

b) $s_A = v_A \cdot t$ $\hspace{4cm}$ $s_B = v_B(t - \Delta t) + l_A - l_B$

c) $s_A = 1{,}25 \cdot t$ $\hspace{4cm}$ $0 < t < 160\,\text{s}$ $\hspace{1cm}$

$s_B = 2{,}0 \cdot (t - 90) + 60$ $\hspace{2cm}$ $90\,\text{s} < t < 160\,\text{s}$

t	s
s	m

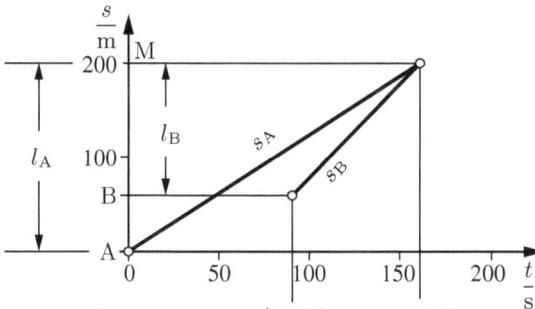

d) **Abb. L2-1** $\hspace{3cm}$ $\Delta t = 90$ $\hspace{2cm}$ $t_M = 160$

2-2 a) $s_A = v_A \cdot t$

$s_B = v_B(t - \Delta t)$

b) für $s_A = s_B$ ist $t = t_t$ (Treffpunkt)

$t_t = \dfrac{v_B}{v_B - v_A} \cdot \Delta t$

$s_t = \dfrac{v_A \cdot v_B}{v_B - v_A} \cdot \Delta t$

c) $s_A = 110 \cdot t$ $\hspace{2cm}$ $t > 0$

$s_B = 130(t - 0{,}25)$ $\hspace{1cm}$ $t > 0{,}25\,\text{h}$

t	s
h	km

d)

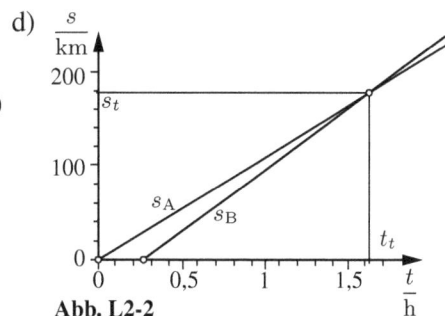

Abb. L2-2

2-3   a) $s_A = v_A \cdot t$ $s_B = v_{B\,min} \cdot (t - \Delta t) - l \quad t > \Delta t$

      b) $v_{B\,min} = \dfrac{l + e}{e - v_A \cdot \Delta t} \cdot v_A$

      c) $v_{B\,min} = 144\,\text{km/h}$

         $s_A = 100 \cdot t$ $t > 0$

         $s_B = 144 \left(t - \dfrac{1}{6} \right) - 20$ $t > \dfrac{1}{6}$

$$\begin{array}{c|c} s & t \\ \hline km & h \end{array}$$

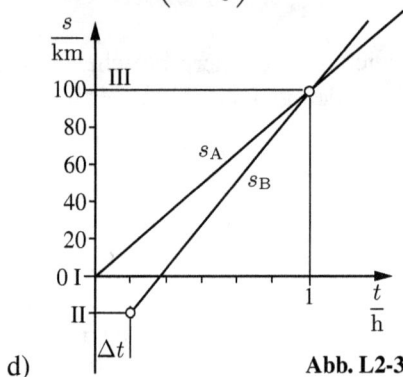

      d)   **Abb. L2-3**

2-4   Gegenlauf $(v_A + v_B) \cdot t_t = L$

      Gleichlauf $(v_A - v_B) \cdot t_t = L$

      Gegenlauf $t_t = 83{,}33\,\text{s}$

      Gleichlauf $t_l - 750\,\text{s}$

      A: 5 Runden   B: 4 Runden

2-5   a) $e = t \cdot \sqrt{v_A^2 + v_B^2 - 2v_A \cdot v_B \cdot \cos 130°}$

      b) $\Delta v = \sqrt{v_A^2 + v_B^2 - 2v_A \cdot v_B \cdot \cos 130°}$

      c) $e = 17{,}0\,\text{m}$ $\Delta v = 6{,}80\,\text{m/s}$

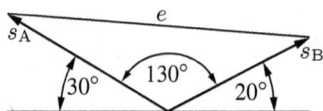

                            Abb. L2-5

2-6   Seil läuft doppelt so schnell wie Last

$0 < t < 5{,}0\,\text{s}$ $\qquad\qquad\qquad$ $s = 0{,}2t$ $\qquad\qquad$ $\dfrac{t}{\text{s}}\;\bigg|\;\dfrac{s}{\text{m}}$

$5{,}0\,\text{s} < t < 20{,}835\,\text{s}$ $\qquad\quad$ $s = 1{,}2 \cdot (t - 5) + 1{,}0$

FÖPPL: $\qquad\qquad\qquad\qquad\;$ $v = \langle t \rangle^0 \cdot 0{,}20 + \langle t - 5 \rangle^0 \cdot 1{,}0$

$\qquad\qquad\qquad\qquad\qquad\;$ $s = t \cdot 0{,}20 + \langle t - 5 \rangle \cdot 1{,}0 + 0$

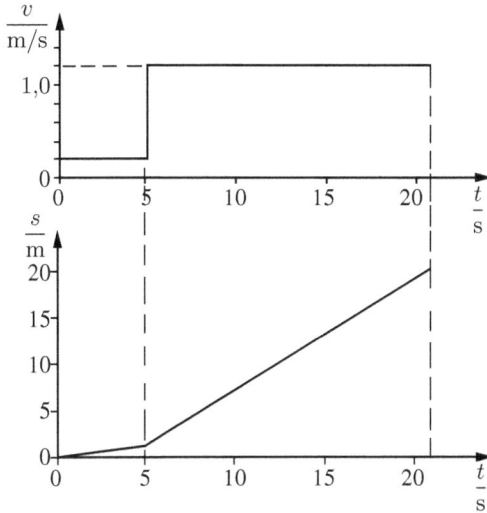

Abb. L2-6

2-7   a) $v_\text{D} = \dfrac{1}{2}(v_\text{A} + v_\text{B})$ $\qquad\qquad$ $s_\text{D} = \dfrac{1}{2}(v_\text{A} + v_\text{B}) \cdot t$

$\qquad$ b) $v_\text{D} = 0{,}50\,\text{m/s}$ $\qquad\qquad$ v_B negativ

$\qquad\qquad$ $s_\text{D} = 0{,}50 \cdot t$ $\qquad\qquad\qquad$ $\dfrac{s}{\text{m}}\;\bigg|\;\dfrac{t}{\text{s}}$

Z.Z. $t = 5{,}0\,\text{s}$ befindet sich die Last bei $+2{,}50\,\text{m}$ und bewegt sich mit $0{,}50\,\text{m/s}$ nach oben.

2-8   a) $t < \Delta t$ $\qquad\qquad\qquad$ $v_\text{D} = \dfrac{1}{2}v_\text{A}$ $\qquad\quad$ $s_\text{D} = \dfrac{1}{2}v_\text{A} \cdot t$

$\qquad\qquad$ $t > \Delta t$ $\qquad\qquad\qquad$ $v_\text{D} = \dfrac{1}{2}(v_\text{A} + v_\text{B})$

$\qquad\qquad\qquad\qquad\qquad\qquad$ $s_\text{D} = \dfrac{1}{2}(v_\text{A} + v_\text{B}) \cdot (t - \Delta t) + s_{\Delta t}$

$\qquad$ b) v_A ist negativ

$\qquad\qquad$ $t < 5{,}0\,\text{s}$ $\qquad\qquad\qquad$ $v_\text{D} = -2{,}5\,\text{m/s}$

$\qquad\qquad\qquad\qquad\qquad\qquad$ $s_\text{D} = -2{,}5t$

$\qquad\qquad$ $t > 5{,}0\,\text{s}$ $\qquad\qquad\qquad$ $v_\text{D} = -1{,}0\,\text{m/s}$ $\qquad$ $\dfrac{t}{\text{s}}\;\bigg|\;\dfrac{s}{\text{m}}$

$\qquad$ nach Umwandlungen $s_\text{D} = -t - 7{,}5$

c) Z.Z. $t = 10{,}0\,$s befindet sich die Last bei $-17{,}5\,$m und bewegt sich mit $1{,}0\,$m/s nach unten.

$$v = -\langle t \rangle^0 \cdot 2{,}5 + \langle t - 5 \rangle^0 \cdot (-1 - (-2{,}5))$$

FÖPPL: $\quad v = -\langle t \rangle^0 \cdot 2{,}5 + \langle t - 5 \rangle^0 \cdot 1{,}5$

$$s = -t \cdot 2{,}5 + \langle t - 5 \rangle \cdot 1{,}5$$

$$v_{10} = -1 \cdot 2{,}5 + 1 \cdot 1{,}5 = -1{,}0\,\text{m/s} \downarrow$$

$$s_{10} = -10 \cdot 2{,}5 + 5 \cdot 1{,}5 = -17{,}5\,\text{m}$$

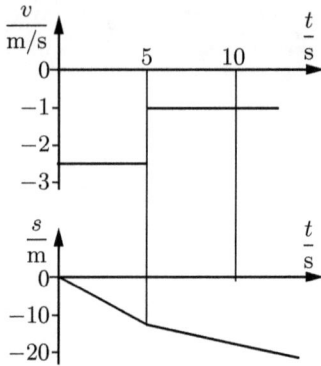

Abb. L2-8

2-9 $0 < t < t_e$: $\quad v = a \cdot t$; $\qquad s = \dfrac{a}{2}t^2$; $\qquad t_e = \dfrac{v_e}{a}$; $\qquad s_e = \dfrac{v_e^2}{2a}$

$0 < t_c < t$: $\quad v = v_e$; $\quad s = v_e(t - t_e) + \dfrac{v_e^2}{2a}$

FÖPPL: $\qquad a = \langle t \rangle^0 \cdot a - \langle t - t_e \rangle^0 \cdot a$

$$v = t \cdot a - \langle t - t_e \rangle a$$

$$s = \frac{1}{2}at^2 - \langle t - t_e \rangle^2 \cdot \frac{a}{2}$$

$$a_{12} = 0; \qquad v_{12} = 32\,\text{m/s}; \qquad s_{12} = 256\,\text{m}$$

2-10 $s_{\text{ges}} = v_0 \cdot \Delta t - \dfrac{v_0^2}{2a}$

$(a < 0)$

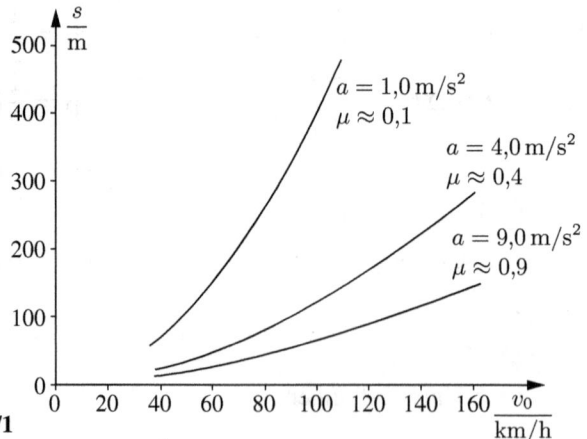

Abb. L2-10/1

$t < \Delta t$: $a = 0$; $v = 33{,}3 \, \text{m/s}$; $s = 33{,}3 \cdot t$

$s_{0,8} = 26{,}7 \, \text{m/s}$

$\Delta t < t < t_{\mathrm{S}}$ (Stillstand)

t	s	v
s	m	m/s

$a = -4{,}0 \, \text{m/s}^2$

$v = -4{,}0 \cdot (t - 0{,}8) + 33{,}3$

$v = 0$: $t = t_{\mathrm{S}} = 9{,}13 \, \text{s}$

$s = -2{,}0(t - 0{,}8)^2 + 33{,}3(t - 0{,}8) + 26{,}7$

$t = t_{\mathrm{S}}$: $s = s_{\text{ges}} = 166 \, \text{m}$

FÖPPL:

$a = -\langle t - \Delta t \rangle^0 \cdot a_0$

$v = -\langle t - \Delta t \rangle \cdot a_0 + v_0$

$s = -\langle t - \Delta t \rangle^2 \cdot \dfrac{a_0}{2} + v_0 \cdot t + 0$

Stillstand: $\langle t_{\mathrm{S}} - \Delta t \rangle = (t_{\mathrm{S}} - \Delta t)$, da $t_{\mathrm{S}} > \Delta t$

$0 = -(t_{\mathrm{S}} - \Delta t) \cdot a_0 + v_0 \Rightarrow t_{\mathrm{S}} \dots$ usw.

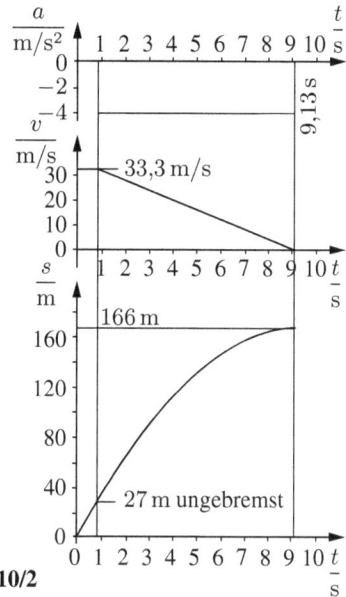

Abb. L2-10/2

2-11   Ansatz:

2 s-Abstand + Bremsweg Vordermann =

Weg Reaktionszeit + Bremsweg Hintermann

Bremsweg Vordermann: $s_{\mathrm{V}} = v_0 \cdot \Delta t_{\text{reak}} - \dfrac{v_0^2}{2a} - s_{2\,\mathrm{s}}$ $(a < 0!)$

Der 2 s-Abstand ist nur dann ausreichend, wenn der Vordermann noch einen genügend langen eigenen Bremsweg zur Verfügung hat. Dieser beträgt bei der sehr günstig angenommenen Verzögerung und der höchsten hier untersuchten Geschwindigkeit über 100 m. Selbst bei der geringen Geschwindigkeit von 80 km/h reicht der 2 s-Abstand nicht aus, wenn der Vordermann selber unmittelbar auf ein Hinternis auffährt.

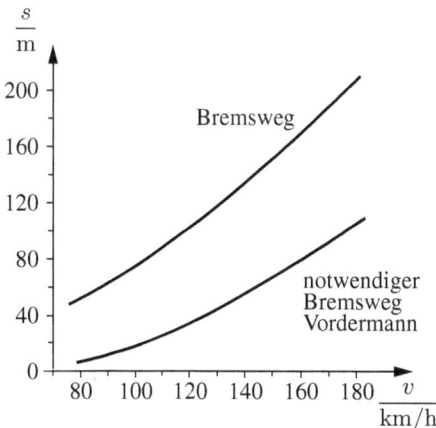

Abb. L2-11

2-12 a) Gl. 2-7 für A und B: $s_A = s_B$ ergibt quadratische Gleichung für t_t (Treffpunkt). Wurzel $= 0$ setzen, weil Kurven s_A und s_B im Grenzfall nur einen
gemeinsamen Punkt haben dürfen.

$s_{A0} = 52{,}9\,\text{m}$ (Mindestabstand); $t_t = 3{,}53\,\text{s}$

$v_A = 2{,}50t + 15$

$s_A = 1{,}25t^2 + 15t + 52{,}9$

$v_B = -6{,}0t + 45$

$s_B = -3{,}0t^2 + 45t$

t	s	v
s	m	m/s

b) siehe a). In quadratische Gleichung für t_t $s_{A0} = 40\,\text{m}$ einsetzen.

$t_t = 1{,}78\,\text{s}$

Auffahrunfall nach $t \approx 1{,}78\,\text{s}$ mit $\Delta v \approx 14{,}9\,\text{m/s}$ nach $s \approx 71\,\text{m}$.

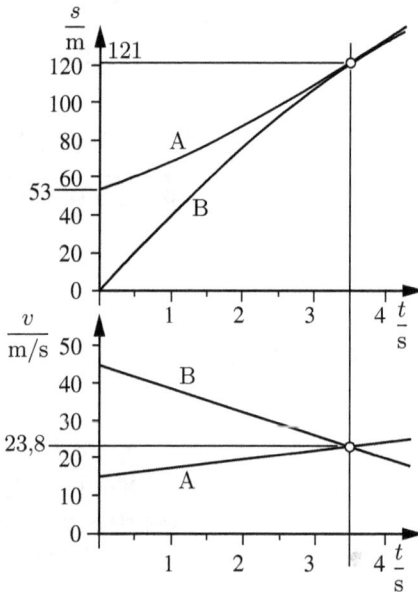

Abb. L2-12

2-13 Rasterfläche $\,\hat{=}\, 20 + 20 + 5 = 45\,\text{m}$

$t = 11{,}3\,\text{s}$

$s_A = 296\,\text{m}$ $s_B = 251\,\text{m}$

t	s	v	a
s	m	m/s	m/s^2

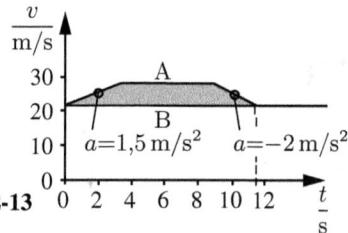

Abb. L2-13

FÖPPL:

$a_A = \langle t \rangle^0 \cdot 1{,}5 + \langle t - t_1 \rangle^0 (0 - 1{,}5) + \langle t - t_2 \rangle^0 (-2 - 0)$

$t_1 = $ Ende Beschleunigung A $t_2 = $ Anfang Verzögerung A

$v_A = t \cdot 1{,}5 - \langle t - t_1 \rangle \cdot 1{,}5 - \langle t - t_2 \rangle \cdot 2 + 22{,}2$

$s_A = t^2 \cdot 0{,}75 - \langle t - t_1 \rangle^2 \cdot 0{,}75 - \langle t - t_2 \rangle \cdot 1 + 22{,}2 \cdot t$

$s_B = 22{,}2 \cdot t$

Ansatz: $s_A - s_B = 45\,\text{m}$: $t = t_3$

$45 = t_3^2 \cdot 0{,}75 - (t_3 - t_1)^2 \cdot 0{,}75 - (t_3 - t_2)^2 \cdot 1$

mit $t_1 = 3{,}70\,\text{s};\quad (t_3 - t_2) = 2{,}78\,\text{s} \Rightarrow t_3 = 11{,}3\,\text{s}$

2-14 $v_A = 105\,\text{km}\quad v_B = 95\,\text{km}\quad$ mit Gl. 2.9

FÖPPL: $t = 0$: A erblickt Hindernis; $s = 0$: Lage von B z. Z. $t = 0$

$a_A = -\langle t - 1{,}0\rangle^0 \cdot 3{,}5$

$a_B = -\langle t - 1{,}8\rangle^0 \cdot 5{,}5$

$v_A = -\langle t - 1{,}0\rangle \cdot 3{,}5 + 36{,}1$

$v_B = -\langle t - 1{,}8\rangle \cdot 5{,}5 + 36{,}1$

t	s	v	a
s	m	m/s	m/s^2

$s_A = -\langle t - 1{,}0\rangle^2 \cdot 1{,}75 + 36{,}1 \cdot t + 20$

$s_B = -\langle t - 1{,}8\rangle^2 \cdot 2{,}75 + 36{,}1 \cdot t + 0$

A fährt auf: $s_A = 120 \quad t = t_A \quad \langle\,\rangle = (\,)$

ergibt quadratische Gl. für $t_A = 2{,}96\,\text{s} \Rightarrow v_A = 29{,}3\,\text{m/s}$

2-15 $\Delta s_{\min} \approx 31{,}1$

$\Delta s = 20\,\text{m}$

$\Delta s = 10\,\text{m}$

$v_A = 44{,}3\,\text{km/h}$

$v_A = 89{,}3\,\text{km/h}$

$\Delta v = 11{,}5\,\text{km/h}$

$\Delta v = 11{,}5\,\text{km/h}$

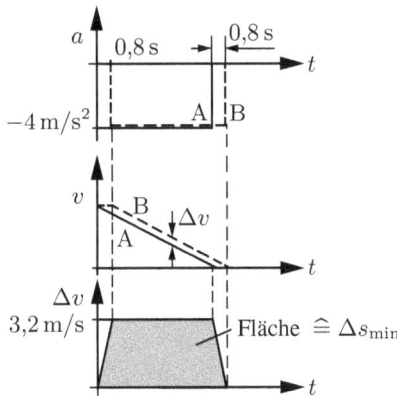

Abb. L2-15

2-16 $a_m = \dfrac{v}{2 \cdot \Delta t}$

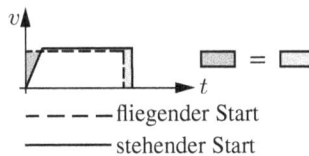

- - - - fliegender Start

——— stehender Start

Abb. L2-16

2-17 $h = \dfrac{g}{2}\,t^2 \downarrow \quad s_{\text{Mann}} = \dfrac{a_M}{2}(t - \Delta t)^2 \rightarrow$

Grenzwert $t = t_G$ für $s_M = \dfrac{b}{2}$ mit $\Delta t = 1\,\text{s}$

Für $a_M = 8\,\text{m/s}^2$ ist $t_G \approx 1{,}7\,\text{s};\quad h \approx 14\,\text{m}.$

Selbst unter günstigsten Fluchtbedingungen müsste der Mann das Lösen der Last in einer Höhe von ca. 14 m sofort erkennen, um eine Chance zu haben, aus dem Gefahrenbereich zu kommen. Das ist praktisch nicht möglich.

2-18 Für die Last gelten halbe Beschleunigungen

$0 < t < 2,0\,\text{s}$

$v = 0,25 \cdot t \qquad s = 0,125 \cdot t^2$

$v_{2s} = 0,50\,\text{m/s} \quad s_{2s} = 0,50\,\text{m}$

$2,0\,\text{s} < t < 10\,\text{s}$

$v = 0,50\,\text{m/s} \qquad s = 0,50(t-2) + 0,50$

$10,0\,\text{s} < t < t_{v=0}$

$v = -0,15(t-10) + 0,5 \qquad v = 0: \ t_{v=0} = 13,33\,\text{s}$

$s = -0,075(t-10)^2 + 0,5(t-10) + 4,5$

FÖPPL:

$a = \langle t \rangle^0 \cdot 0,25 - \langle t-2 \rangle^0 \cdot 0,25 - \langle t-10 \rangle^0 \cdot 0,15$

$v = t \cdot 0,25 - \langle t-2 \rangle \cdot 0,25 - \langle t-10 \rangle \cdot 0,15 + 0$

$s = t^2 \cdot 0,125 - \langle t-2 \rangle^2 \cdot 0,125 - \langle t-10 \rangle^2 \cdot 0,075 + 0$

Stillstand $v = 0$; $t = t_{v=0}$; dafür $\langle \, \rangle = (\,) \Rightarrow 13,3\,\text{s}$

Diese Zeit einsetzen in Gl. für $s \Rightarrow s_{max} = 5,33\,\text{m}$

t	s	v
s	m	m/s

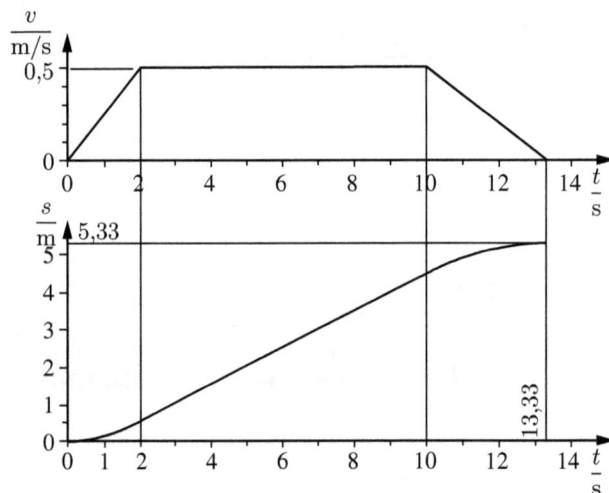

Abb. L2-18

2-19 1. Abschnitt   Gl. 2-9 $a = 2,0\,\text{m/s}^2$

$v = 2 \cdot t \qquad 0 < t < 10\,\text{s}$

$s = t^2$

$v = 20\,\text{m/s}; \quad t = 10,0\,\text{s}$

t	s	v
s	m	m/s

2. Abschnitt $10\,\text{s} < t < 15\,\text{s}$

$v = -4(t-10) + 20$

$s = -2(t-10)^2 + 20(t-10) + 100$

FÖPPL: $a = \langle t \rangle^0 2 + \langle t - 10 \rangle^0 (-4 - 2)$

$\qquad v = t \cdot 2 - \langle t - 10 \rangle \cdot 6 + 0$

$\qquad s = t^2 \cdot 1 - \langle t - 10 \rangle^2 \cdot 3 + 0$

$\qquad v = 0: \ t = t_0 \quad \langle \rangle = (\ ) \Rightarrow t_0 = 15\,\text{s} \Rightarrow s_{\max} = 150\,\text{m}$

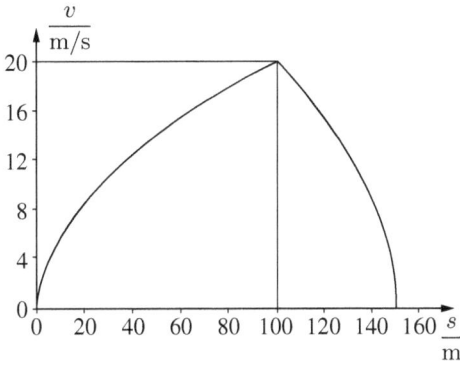

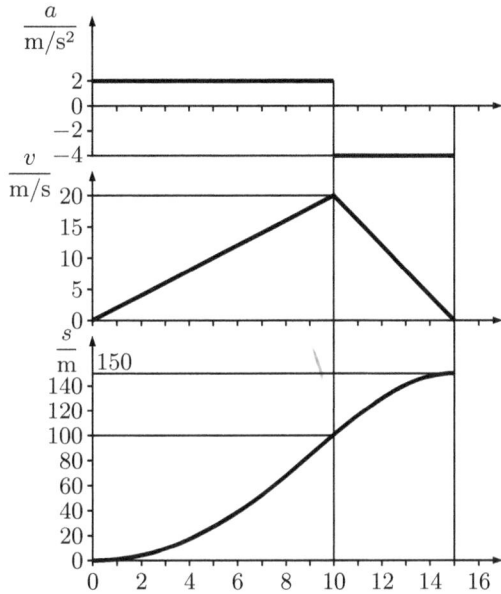

Abb. L2-19

2-20 $a_A + a_B < 2g$

2-21 $a_D = 0 \quad v_D = 4{,}0\,\text{m/s} \uparrow \quad s_D = +10\,\text{m}$

$\qquad a_D = \dfrac{1}{2}(a_A + a_B)$

Vorzeichen: $a_D \uparrow +$; a_A und $a_B +$, wenn Seil aufgewickelt wird.

0 bis 4 s: $a_A = -1{,}0\,\text{m/s}^2$; $a_B = 0 \Rightarrow a_D = -0{,}50\,\text{m/s}^2$;

4,0 s bis 10,0 s: $a_A = 0$; $a_B = +2{,}0\,\text{m/s}^2 \Rightarrow a_D = +1{,}0\,\text{m/s}^2$;

Damit Ansatz FÖPPL (Diagramm skizzieren):

$a = \langle t \rangle^0 (-0{,}5) + \langle t - 4{,}0 \rangle^0 (1 - (-0{,}5)) + \langle t - 10 \rangle^0 (0 - 1{,}0)$

$v = -t \cdot 0{,}5 + \langle t - 4{,}0 \rangle \cdot 1{,}5 - \langle t - 10 \rangle \cdot 1{,}0 + 0$

$s = -t^2 \cdot 0{,}25 + \langle t - 4{,}0 \rangle^2 \cdot 0{,}75 - \langle t - 10 \rangle^2 \cdot 0{,}5 + 0$

$v_{12} = -12 \cdot 0{,}5 + 8 \cdot 1{,}5 - 2 \cdot 1 = 4{,}0\,\text{m/s}$

$s_{12} = -12^2 \cdot 0{,}25 + 8^2 \cdot 0{,}75 - 2^2 \cdot 0{,}5 = 10{,}0\,\text{m/s}$

t	s	v	a
s	m	m/s	m/s²

2-22 $t = \sqrt{\dfrac{2s}{a}} = 4{,}47\,\text{s}; \quad v = \sqrt{2as} = 2{,}24\,\text{m}; \quad \Delta v = 2v = 4{,}48\,\text{m}.$

2-23   Fläche $\widehat{=} h$; $t_2 = 5{,}78\,\text{s}$; $v_{\max} = 3{,}46\,\text{m/s}$

$v = t \cdot 1 + \langle t - t_1 \rangle (-1{,}5 - 1)$

$s = t^2 \cdot 0{,}50 - \langle t - t_1 \rangle^2 \cdot 1{,}25$

Aus $s = 10$ und $v = 0$ für $t = t_2$ zwei Gl. für $t_1; t_2$

t	s	v	a
s	m	m/s	m/s^2

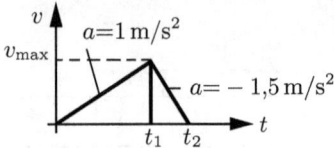

Abb. L2-23

2-24 $a = \dfrac{1}{2} t - 2$

$v = 0$ für $t = 4{,}0\,\text{s}$ $h = 5{,}33\,\text{m}$

t	a
s	m/s^2

2-25   a) $a = -0{,}75 \cdot t + 3$

$v = -\dfrac{3}{8} t^2 + 3t + \dfrac{3}{8}$

$s = -\dfrac{1}{8} t^3 + \dfrac{3}{2} t^2 + \dfrac{3}{8} t$

b) $t = 8{,}12\,\text{s}$

$s = s_{\max} \approx 35\,\text{m}$

Beschleunigung zum Nullpunkt

c) $t = 12{,}25\,\text{s}$

$v = -19{,}1\,\text{m/s}$

Beschleunigung vom Nullpunkt weg.

t	s	v	a
s	m	m/s	m/s^2

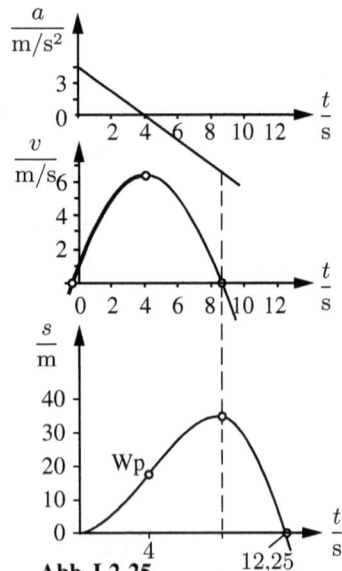

Abb. L2-25

2-26   Lehrbuch Technische Mechanik 3, Abschnitt 2.5.1, Fall 5

$$a = -\left(\frac{v_0}{e}\right)^2 \cdot s$$

$$v = v_0\sqrt{1 - \left(\frac{s}{e}\right)^2}$$

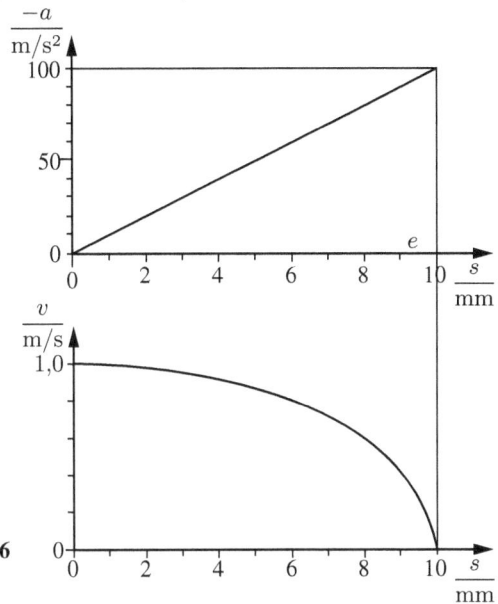

Abb. L2-26

2-27   a) Ansatz $a = k_1 \cdot t + k_2 \rightarrow v(t) \rightarrow s(t)$

Aus den Randbedingungen die beiden Integrationskonstanten und simultan k_1 k_2

$$a = 28{,}5t - 24{,}5$$
$$v = 14{,}25t^2 - 24{,}5t + 8$$
$$s = 4{,}75t^3 - 12{,}25t^2 + 8t - 5$$

b) $s = 37\,\text{m} \quad v = 62{,}75\,\text{m/s} \quad a = 61{,}0\,\text{m/s}^2$

t	s	v	a
s	m	m/s	m/s^2

2-28   Ansatz $a = a_0 - k \cdot \sqrt{t}$

$$a = 4 - 0{,}73\sqrt{t}$$
$$v = t(4 - 0{,}487\sqrt{t})$$
$$s = t^2(2 - 0{,}195\sqrt{t})$$

t	s	v	a
s	m	m/s	m/s^2

2-29   Ansatz: $a = k(t - t_e) \cdot t; \quad t = \dfrac{t_e}{2}: a = a_{max}; \quad k = -4 a_{max}/t_e^2$

$a = k \cdot t^2 - k t_e \cdot t$

$v = \dfrac{1}{3} k \cdot t^3 - \dfrac{1}{2} k t_e \cdot t^2 + v_0$

$s = \dfrac{1}{12} k \cdot t^4 - \dfrac{1}{6} k t_e \cdot t^3 + v_0 \cdot t + s_0$

Umkehrpunkt: $v = 0$: $t_u = 4{,}70\,\text{s}$; $\quad s_u = 1{,}52\,\text{m}$

$t = 2{,}0\,\text{s} \quad a = +1{,}60\,\text{m/s}^2$ $\Big\}$ verzögert

$\qquad\qquad\quad v = -5{,}90\,\text{m/s}$

$\qquad\qquad\quad s = +10\,\text{m}$ $\Big\}$ Richtung zum 0-Punkt

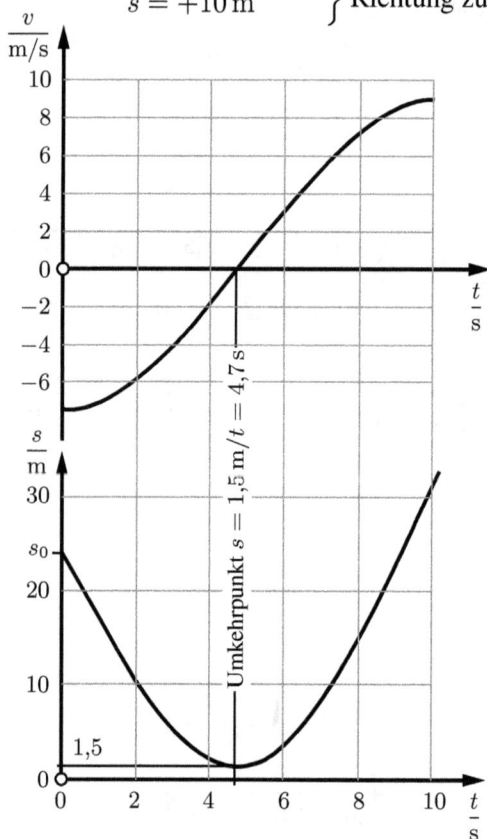

Abb. L2-29

2-30   Ansatz: $v = k t^2 + v_0 \quad k = -\dfrac{v_0}{t_e^2}$

$a = -\dfrac{2 v_0}{t_e^2} t; \quad v = -\dfrac{v_0}{t_e^2} t^2 + v_0; \quad s = -\dfrac{v_0}{3 t_e^2} t^3 + v_0 \cdot t;$

Umkehrpunkt: $s_u = \dfrac{2}{3} v_0 t_e; \quad t_u = t_e$

2-31 $\quad v_y = -\dfrac{1}{20}e^{-0,2t}(0,2\cos 2t + 2\sin 2t)$

$\qquad a_y = -\dfrac{1}{20}e^{-0,2t}(3,96\cos 2t + 0,8\sin 2t)$

t	v	a
s	m/s	m/s^2

2-32 a) $y = h - (L - z) \leftarrow \begin{cases} z = \sqrt{h^2 + x^2} \\ L = 2h \\ x = \dfrac{a_x}{2}t^2 \end{cases}$

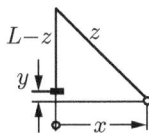

Abb. L2-32

$\qquad y = -h + \sqrt{h^2 + \dfrac{a_x^2}{4}t^4}$

$\qquad v_y = \dfrac{a_x^2 t^3}{2\sqrt{h^2 + \dfrac{a_x^2}{4}t^4}}$

$\qquad a_y = \dfrac{a_x^4 t^6 + 12 a_x^2 t^2 h^2}{8\left(h^2 + \dfrac{a_x^2}{4}t^4\right)^{3/2}}$

b) $y(t)$ nach t auflösen $\quad t = 3,4\,\text{s}$

2-33 $\quad y = 1,0\,\text{m}$ (siehe Skizze Lösung L2-32)

$\qquad z^2 = x^2 + h^2 \rightarrow 2z \cdot \dfrac{dz}{dt} = 2x \cdot \dfrac{dx}{dt} + 0 \leftarrow$

$\qquad y = h - L + z \rightarrow \dfrac{dy}{dt} = 0 - 0 + \dfrac{dz}{dt} = v_y$

Daraus $z \cdot v_y = x \cdot v_x \quad ①$

Diff. nach t

$\dfrac{dz}{dt}v_y + z \cdot a_y = \dfrac{dx}{dt}v_x + x \cdot a_x$

$v_y^2 + z \cdot a_y = v_x^2 + x \cdot a_x \quad ②$

Aus $①$ $\quad v_y = 1,2\,\text{m/s}$

aus $②$ $\quad a_y = 1,41\,\text{m/s}^2$

2-34 a) Ansatz Lehrbuch Abschnitt 2.5.1, Fall 4 $\quad v = 3 + 0,04s = \dfrac{ds}{dt}$

$\qquad s = 75(e^{\frac{t}{25}} - 1)$

$\qquad v = 3 \cdot e^{\frac{t}{25}}$

$\qquad a = 0,12 \cdot e^{\frac{t}{25}}$

t	s	v	a
s	m	m/s	m/s^2

b) $s = 36,9\,\text{m} \quad v = 4,48\,\text{m/s} \quad a = 0,179\,\text{m/s}^2$

c) $t = 21,2\,\text{s}$

2-35 Ansatz Lehrbuch Abschnitt 2.5.1, Fall 4: $v = v_0 - \dfrac{v_0}{s_0} s = \dfrac{ds}{dt}$

$t = -\dfrac{s_0}{v_0} \ln\left(1 - \dfrac{s}{s_0}\right) \Rightarrow s = s_0 : t \to \infty$

$v = v_0 e^{-\frac{v_0}{s_0} t}; \quad a = -\dfrac{v_0^2}{s_0} e^{-\frac{v_0}{s_0} t}; \quad a_0 = -\dfrac{v_0^2}{s_0}$

2-36 Ansatz Lehrbuch Abschnitt 2.5.1, Fall 6: $\displaystyle\int \dfrac{v \cdot dv}{1 - k \cdot v^2} = g \cdot \int ds$

$A = 2 \cdot g \cdot k \cdot s \qquad B = 2 \cdot g \cdot \sqrt{k} \cdot t$

$v = \sqrt{\dfrac{1}{k}(1 - e^{-A})} \qquad v_\infty = \dfrac{1}{\sqrt{k}} \qquad (1)$

Ansatz: $a = \dfrac{dv}{dt} \Rightarrow t = \displaystyle\int \dfrac{dv}{g(1 - k \cdot v^2)}$

$v = v_\infty \dfrac{e^B - 1}{e^B + 1} \qquad (2)$

(2) in Ausgangsgleichung einsetzen

$a = g\left[1 - \left(\dfrac{e^B - 1}{e^B + 1}\right)^2\right]$

$s = \displaystyle\int v \cdot dt \text{ oder (2) in (1)} \Rightarrow s = \dfrac{1}{2g \cdot k} \ln \dfrac{e^B + 1}{2}$

$a = g \cdot e^{-A}$

2-37 Ansatz Lehrbuch Abschnitt 2.5.1, Fall 5: $a = a_0 - \dfrac{a_0}{s_1} s$

$v = \sqrt{2a_0 \cdot s \left(1 - \dfrac{s}{2s_1}\right)}; \quad v_{\max} = \sqrt{a_0 \cdot s_1}; \quad s_u = 2s_1$

2-38 Ansatz Lehrbuch Abschnitt 2.5.1, Fall 5:

$a + k \cdot s = 0 \quad$ vgl. Gl. 9-3 mit $\omega = \sqrt{k}$

$v = \sqrt{k(s_0^2 - s^2)}$

$s = s_0 \sin(\sqrt{k} \cdot t) \quad$ vergl. Gl. 9-5

$v = s_0 \cdot \sqrt{k} \cdot \cos(\sqrt{k} \cdot t)$

$a = -s_0 \cdot k \cdot \sin(\sqrt{k} \cdot t)$

2-39 Ansatz Lehrbuch Abschnitt 2.5.1, Fall 6: $a = k/v$

$$v = \sqrt[3]{3k \cdot s + v_0^3} = \frac{\mathrm{d}s}{\mathrm{d}t}$$

$$s = \frac{1}{3k}\left(v_0^2 + 2k \cdot t\right)^{3/2} - \frac{v_0^3}{3k}$$

$$v = \sqrt{v_0^2 + 2k \cdot t}; \quad a = \frac{k}{\sqrt{v_0^2 + 2k \cdot t}}$$

2-40 $a = \langle t\rangle^0 \cdot 6 - \langle t\rangle \cdot 0{,}875 + \langle t - 4\rangle \cdot 0{,}5625$

$v = 6t - 0{,}438t^2 + \langle t - 4\rangle^2 \cdot 0{,}281$

$s = 3t^2 - 0{,}146t^3 + \langle t - 4\rangle^3 \cdot 0{,}0938$

t	s	v	a
s	m	m/s	m/s^2

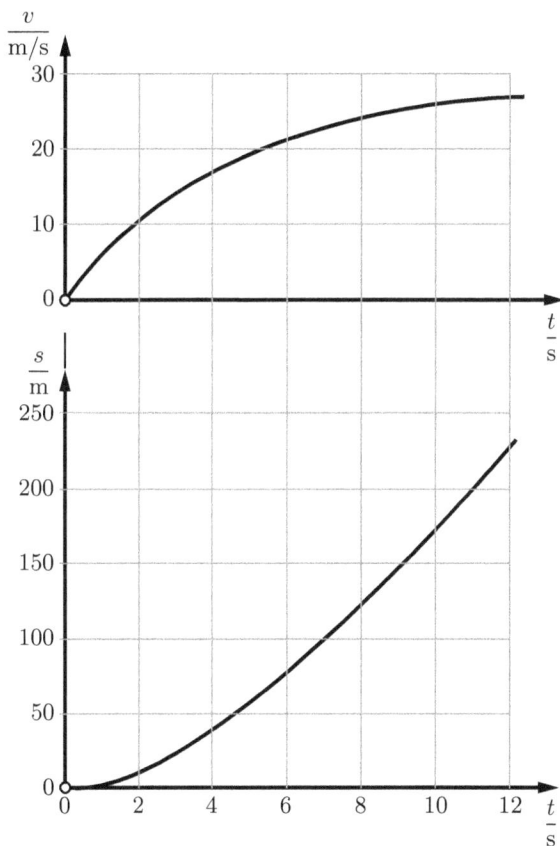

Abb. L2-40

2-41 $\Delta s_{1-3} \approx 10{,}6\,\mathrm{m}$ (Fläche)

$s_3 \approx +5{,}6\,\mathrm{m}$ rechts von 0

$a_3 \approx -0{,}74\,\mathrm{m/s}^2$ (Tangente)

Lösungen zu Kapitel 3

3-1 $v_x = -r \cdot \omega \cdot \sin(\omega \cdot t)$ $\qquad\qquad$ $v_y = r \cdot \omega \cdot \cos(\omega \cdot t)$

 $a_x = -r\omega^2 \cos(\omega \cdot t)$ $\qquad\qquad$ $a_y = -r\omega^2 \sin(\omega \cdot t)$

3-2 $v_x = -v \cdot \sin\varphi$ $\qquad\qquad$ $v_y = v \cdot \cos\varphi$

 $a_x = -\dfrac{v^2}{r} \cos\varphi$ $\qquad\qquad$ $a_y = -\dfrac{v^2}{r} \sin\varphi$

3-3 $v_y = -v_x / \tan\varphi$ $\qquad\qquad$ $v = -\dfrac{v_x}{\sin\varphi}$

 $a_y = \dfrac{\mathrm{d}v_y}{\mathrm{d}\varphi} \cdot \dfrac{\mathrm{d}\varphi}{\mathrm{d}t}$ $\qquad\qquad$ $\dfrac{\mathrm{d}\varphi}{\mathrm{d}t} = \omega = -\dfrac{v_x}{r \cdot \sin\varphi}$

 $a_y = -\dfrac{v_x^2}{r} \cdot \dfrac{1}{\sin^3\varphi}$

Im Bereich kleiner Winkel φ ist diese Bewegung nicht realisierbar, da $v \to \infty$; $a_y \to \infty$.

3-4   Ansatz $y = kx^2$ $\qquad\qquad\qquad$ $k = H/B^2$

 $v_x = \dfrac{v}{\sqrt{1 + 4k^2 \cdot x^2}}$; $\qquad$ $v_y = \dfrac{2k \cdot v \cdot x}{\sqrt{1 + 4k^2 \cdot x^2}}$

 $a_x = -\dfrac{4k^2 \cdot v^2 \cdot x}{(1 + 4k^2 \cdot x^2)^2}$; $\qquad$ $a_y = \dfrac{2k \cdot v^2}{(1 + 4k^2 \cdot x^2)^2}$

Im Punkt $x = 1 \quad y = 2 \tan\alpha = m = 4$

$\dfrac{a_y}{a_x} = -\dfrac{1}{4} = -\dfrac{1}{m}$

3-5 $v_x = r \cdot \omega(1 - \cos\omega t)$ $\qquad\qquad$ $a_x = r\omega^2 \sin\omega t$

 $v_y = r \cdot \omega \sin\omega t$ $\qquad\qquad\qquad$ $a_y = r\omega^2 \cos\omega t$

3-6   Gl. 3-5/6

Bewegung entsteht, wenn auf einem rotierenden Stab eine Masse verschoben wird (s. 4-48).

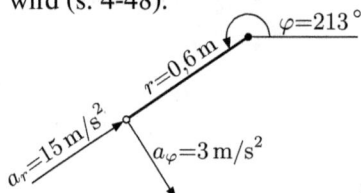

Abb. L3-6

3-7   Gl. 3-5/6

$a_\varphi = -0{,}20t^2 + 4t$

$a_r = 0{,}2 - 10t^2 + 0{,}8t^3 - 0{,}016t^4$

(siehe 3-6)

t	a
s	m/s^2

3-8   KEPLER: $\dfrac{\mathrm{d}A}{\mathrm{d}t} = \text{konst.};\quad \mathrm{d}A = \dfrac{1}{2}\,r \cdot (r \cdot \mathrm{d}\varphi)$

$\dfrac{\mathrm{d}A}{\mathrm{d}t} = \dfrac{1}{2}\,r^2\dfrac{\mathrm{d}\varphi}{\mathrm{d}t} = \dfrac{1}{2}\,r^2\omega \qquad r^2 \cdot \omega = r \cdot v_\varphi = k = \text{konst.} \qquad (1)$

Für eine Umlaufbahn $k = \dfrac{2A}{T} = \dfrac{2\pi ab}{T} \qquad (2)$

(a und b sind halbe Hauptachsen)

$r^2 \cdot \omega = k$ ableiten nach t (Produktenregel)

Vergleich mit Gl. 3-7 ergibt $a_\varphi = 0$

Gleichgewichtsbedingung im erdnahen Scheitel

$v_\varphi = \sqrt{\varrho \cdot g} \quad \varrho$ Krümmungsradius $= \dfrac{b^2}{a}$

Abstand Brennpunkt – Scheitel $r = a - \sqrt{a^2 - b^2}$

Mit (1) und (2)

$T = \dfrac{2\pi}{1 - \sqrt{1 - \left(\frac{b}{a}\right)^2}} \cdot \sqrt{\dfrac{a}{g}}$

a_r nach Gl. 3-6. Dabei

$\dot{r} = \dfrac{\mathrm{d}r}{\mathrm{d}\varphi} \cdot \dfrac{\mathrm{d}\varphi}{\mathrm{d}t} \qquad \dfrac{\mathrm{d}\varphi}{\mathrm{d}t} = \omega = \dfrac{k}{r^2}$

Analog 2. Ableitung. Für r Ellipsengleichung $\quad r = b^2/(a + e \cdot \cos\varphi)$

$a_r = -\dfrac{k^2 \cdot a}{b^2 \cdot r^2} = -\left(a - \sqrt{a^2 - b^2}\right)^2 \cdot g \cdot \dfrac{1}{r^2}$

3-9 $v_\varphi \sim \dfrac{1}{r}; \quad v_{\varphi 0} \sim \dfrac{1}{r_0} \Rightarrow v_\varphi = v_{\varphi 0} \cdot \dfrac{r_0}{r} = r \cdot \dot{\varphi} \quad (1)$

$v_r \sim \dfrac{1}{r}; \quad v_{r_0} \sim \dfrac{1}{r_0} \Rightarrow v_r = v_{r_0} \cdot \dfrac{r_0}{r} = \dot{r} \quad (2)$

Aus (1) $\quad \dot{\varphi} \Rightarrow \ddot{\varphi} = \dfrac{\mathrm{d}\dot{\varphi}}{\mathrm{d}r} \cdot \dfrac{\mathrm{d}r}{\mathrm{d}t} = \dfrac{\mathrm{d}\dot{\varphi}}{\mathrm{d}r} \cdot \dot{r}$

$\ddot{r} = \dfrac{\mathrm{d}\dot{r}}{\mathrm{d}r} \cdot \dfrac{\mathrm{d}r}{\mathrm{d}t} = \dfrac{\mathrm{d}\dot{r}}{\mathrm{d}r} \cdot \dot{r}$

Gl. 3-5/6 auswerten

$a_r = -\dfrac{r_0^2}{r^3} \cdot v_0^2; \quad a_\varphi = 0$ (keine Umfangskraft)

3-10 $a_x = -1,82\,\text{m/s}^2$
$a_y = -1,92\,\text{m/s}^2$
$a_n = 2,45\,\text{m/s}^2$
$a = 2,65\,\text{m/s}^2$
$v = 3,5\,\text{m/s}$

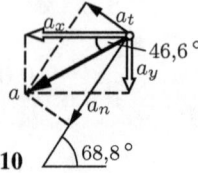

Abb. L3-10

3-11   Gl. 2-9

$a_t = 0,81\,\text{m/s}^2$

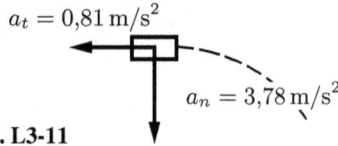

$a_n = 3,78\,\text{m/s}^2$

Abb. L3-11

3-12   Gl. 2-9

Vor Bremsung

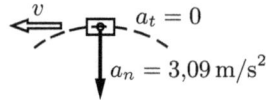

$a_t = 0$

$a_n = 3,09\,\text{m/s}^2$

Einsetzende Bremsung
$a_{\max} = 4,06\,\text{m/s}^2$

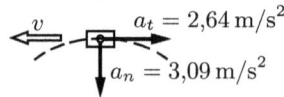

$a_t = 2,64\,\text{m/s}^2$

$a_n = 3,09\,\text{m/s}^2$

Ende des Bremsvorganges

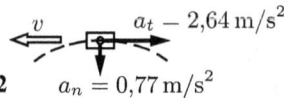

$a_t - 2,64\,\text{m/s}^2$

Abb. L3-12 $a_n = 0,77\,\text{m/s}^2$

3-13 $a = 6 - \dfrac{6}{5} \cdot t$

für $0 < t < 5,0\,\text{s}$

$t = 0\,\text{s}$ $a_0 = 6,0\,\text{m/s}^2$ in Startrichtung

t	a
s	m/s^2

$t = 2,0\,\text{s}$ $t = 5,0\,\text{s}$

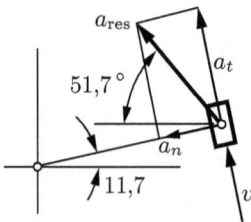   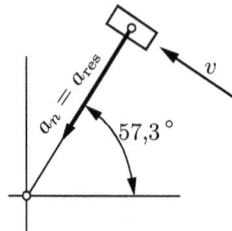

$a_{\text{res}} = 4,04\,\text{m/s}^2$ $a_{\text{res}} = 4,50\,\text{m/s}^2$

$v = 9,6\,\text{m/s}$ $v = 15\,\text{m/s}$ **Abb. L3-13**

3-14 Bewegung nach rechts oben verzögert mit $19{,}3\,\mathrm{m/s^2}$

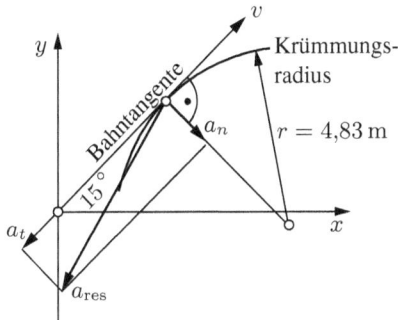

Abb. L3-14

3-15

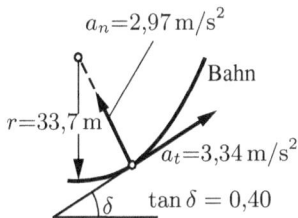

Abb. L3-15

3-16 Lehrbuch Abschnitt 2.5.1, Fall 5

$$v^2 = 2 \cdot r \cdot g(\cos\varphi - \cos\varphi_0) + v_0^2$$

3-17 a) $\omega = \dfrac{\pi}{2} \cdot k \cdot \cos(k \cdot t)$

$\alpha = -\dfrac{\pi}{2} \cdot k^2 \cdot \sin(k \cdot t)$

b) $\varphi = 0$ $\qquad$ $k \cdot t = 0$ $\qquad$ $\omega = 7{,}85\,\mathrm{s^{-1}}$

$\varphi = 45\,^\circ$ $\qquad$ $k \cdot t = 30\,^\circ$ $\qquad$ $\omega = 6{,}80\,\mathrm{s^{-1}}$ $\qquad$ $\alpha = 19{,}63\,\mathrm{s^{-2}}$

$\varphi = 90\,^\circ$ $\qquad$ $k \cdot t = 90\,^\circ$ $\qquad$ $\omega = 0$ $\qquad$ $\alpha = -39{,}27\,\mathrm{s^{-2}}$

$\varphi = 0$ $\qquad\qquad$ $\varphi = 45\,^\circ$ $\qquad\qquad$ $\varphi = 90\,^\circ$

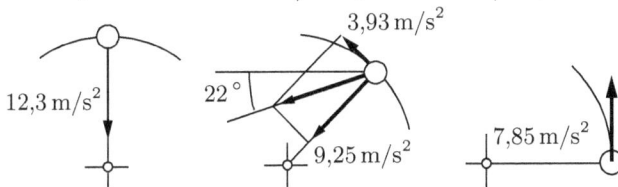

Abb. L3-17

Lösungen zu Kapitel 4

4-1   a) $\alpha = -20{,}9\,\mathrm{s}^{-2}$

b) $a_t = -12{,}6\,\mathrm{m/s}^2$ $\qquad\qquad\qquad$ $a_n = 4211\,\mathrm{m/s}^2$

c) $z = 400$

d) $n = 2400\,\mathrm{min}^{-1}$ $\qquad\qquad\qquad$ $n = 1600\,\mathrm{min}^{-1}$

4-2   a) A $\quad \alpha_2 = 25{,}13\,\mathrm{s}^{-2}$ $\qquad\qquad$ $\omega_2 = 50{,}27\,\mathrm{s}^{-1}$

$\quad$ B $\quad \alpha_2 = 4{,}47\,\mathrm{s}^{-2}$ $\qquad\qquad$ $\omega_2 = 8{,}94\,\mathrm{s}^{-1}$

$\quad$ m $\quad a_2 = 2{,}23\,\mathrm{m/s}^2$ $\qquad\qquad$ $v_2 = 4{,}47\,\mathrm{m/s}$

$\qquad\quad s_2 = 4{,}47\,\mathrm{m}$

b) $\qquad t_a = 5{,}0\,\mathrm{s}$ $\qquad\qquad\qquad$ $s_{m5} = 27{,}9\,\mathrm{m}$

4-3   a) $s = 2{,}51\,\mathrm{m}$ $\qquad\qquad\qquad$ c) AB: $\alpha = -8{,}95\,\mathrm{s}^{-2}$

b) Gl. 2-9 $\quad a = -1{,}79\,\mathrm{m/s}^2$ $\qquad\quad$ DE: $\alpha = -53{,}7\,\mathrm{s}^{-2}$

4-4 $v_\mathrm{D} = \dfrac{r_\mathrm{D}}{r_\mathrm{E}} \cdot \dfrac{r_\mathrm{A}}{r_\mathrm{B}} \cdot v_\mathrm{B} = 15\,\mathrm{m/s};$ $\qquad$ $a_\mathrm{D} = \dfrac{r_\mathrm{D}}{r_\mathrm{E}} \cdot \dfrac{r_\mathrm{A}}{r_\mathrm{B}} \cdot a_\mathrm{B} = 2{,}25\,\mathrm{m/s}^2$

4-5 $v_\mathrm{A} = \dfrac{v}{2}\left(1 - \dfrac{r}{R}\right);$ $\qquad\qquad$ $a_\mathrm{A} = \dfrac{a}{2}\left(1 - \dfrac{r}{R}\right)$

4-6 $t_\mathrm{K} = \dfrac{\omega_0}{\alpha_\mathrm{A} - \alpha_\mathrm{B}}$ $\qquad \alpha_\mathrm{B} < 0;$ $\qquad\qquad$ $\omega_\mathrm{K} = \alpha_\mathrm{A} \cdot t_\mathrm{K}$

4-7   Ansatz: $\alpha = -4 + k \cdot t;$ $\quad t = t_\mathrm{B}$: $\omega = 0;$ $\alpha = 0$

$K = 4/3;$ $\quad t_\mathrm{B} = 3{,}0\,\mathrm{s};$ $\quad s_\mathrm{B} = 1{,}50\,\mathrm{m};$

t	φ	ω	α
s	1	s^{-1}	s^{-2}

4-8   Ansatz: $\alpha = k \cdot t;$ $\quad t = t_\mathrm{B}$: $\omega = 0;$ $\qquad$ $k = -\dfrac{2\omega_0}{t_\mathrm{B}^2}$

$a_{10} = -15{,}7\,\mathrm{s}^{-2};$ $\quad n_{10} = 37{,}5\,\mathrm{s}^{-1};$ $\qquad z_{20} = 667$

4-9   Ansatz: $\alpha = \alpha_0 - k\sqrt{t} \to t = 16\,\mathrm{s};$ $\qquad \alpha = 0$: $\alpha_0 = 4k$

$\omega = \displaystyle\int \alpha \cdot \mathrm{d}t \to \alpha = 58{,}9 - 14{,}7\sqrt{t}$

$\omega = 58{,}9t - 9{,}82t^{3/2}$

$z = 560$

t	ω	α
s	s^{-1}	s^{-2}

4-10 $v_B = \dfrac{b \cdot \omega}{\cos^2 \varphi}$

$a_B = \dfrac{dv_B}{d\varphi} \cdot \dfrac{d\varphi}{dt} = \dfrac{dv_B}{d\varphi} \cdot \omega$

$a_B = \dfrac{2b\omega^2}{\cos^3 \varphi} \sin \varphi$

4-11 $\omega = \dfrac{v_B}{b} \cos^2 \varphi$

$\alpha = \dfrac{d\omega}{d\varphi} \cdot \dfrac{d\varphi}{dt} = \dfrac{d\omega}{d\varphi} \cdot \omega$

$\alpha = -2 \left(\dfrac{v_B}{b}\right)^2 \sin \varphi \cdot \cos^3 \varphi$

4-12 $\omega = \dfrac{v_B}{2b} = \text{konst.}$

$\alpha = 0$

4-13 $\omega_{AB} = 2{,}44\,\text{s}^{-1}$ ↶

$\omega_{DB} = 13{,}3\,\text{s}^{-1}$ ↷

4-14 $v_A = 1{,}83\,\text{m/s}$ ←
$\omega_{AB} = 5{,}10\,\text{s}^{-1}$ ↶

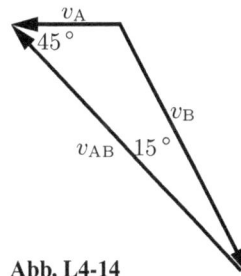

Abb. L4-14

4-15   Winkel $\overline{AB}$ zur Horizontalen aus
Dreieckskonstruktion 18,7°
$v_B = 5{,}68\,\text{m/s}$ ←
$\omega_{AB} = 4{,}98\,\text{s}^{-1}$ ↶

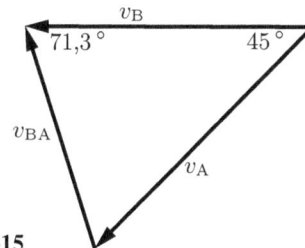

Abb. L4-15

4-16 $v_B = 4{,}24\,\text{m/s}$
$v_D = 3{,}0\,\text{m/s}$
$\omega_{BD} = 6{,}0\,\text{s}^{-1}$ ↶
$\omega_{AB} = 24\,\text{s}^{-1}$ ↶

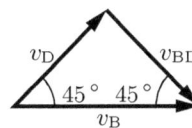

Abb. L4-16

4-17 $v_D = 1{,}0\,\text{m/s}$ $\omega = 1{,}0\,\text{s}^{-1}\,\curvearrowleft$

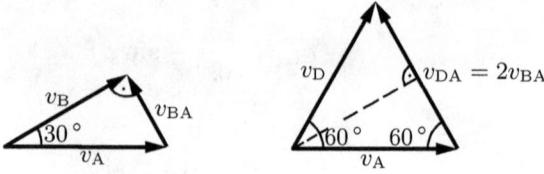

Abb. L4-17

4-18 $v_B = 0{,}24\,\text{m/s}$ unter 30°
nach unten

$v_D = 0{,}328\,\text{m/s}$

$\omega_{DB} = 1{,}96\,\text{s}^{-1}$

$v_E = 0{,}088\,\text{m/s}$

$\omega_{EB} = 1{,}96\,\text{s}^{-1}$

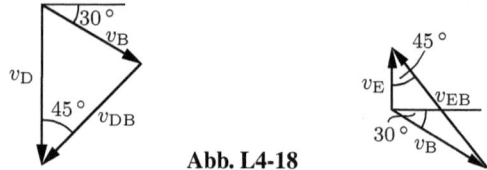

Abb. L4-18

4-19 $v_B = 1{,}31\,\text{m/s}$

$\delta = 23{,}4^\circ$

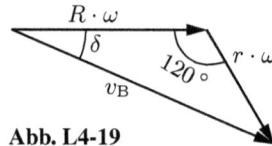

Abb. L4-19

4-20 $v_{B_x} = r \cdot \omega(1 - 2\cos\beta) = 1{,}86\,\text{m/s};$

$v_{B_y} = -2r \cdot \omega \sin\beta = -6{,}36\,\text{m/s}$

4-21 $v_D = v$ $v_A = r \cdot \omega - v$ $v_B = 2r \cdot \omega - v$

Richtungen horizontal

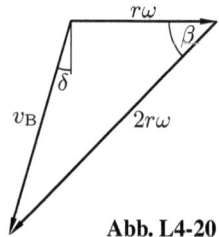

Abb. L4-20

4-22 $v_B = 3{,}26\,\text{m/s} \rightarrow$

$\omega_{AB} = 3{,}47\,\text{s}^{-1}\,\curvearrowright$

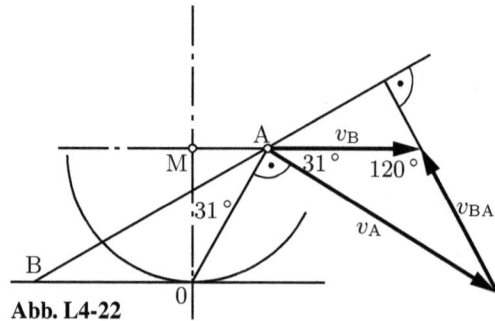

Abb. L4-22

4-23 siehe 4-21 $\omega_B = -\dfrac{1}{r}\left[\omega_{AB}(R+r) + R \cdot \omega_A\right] = -85\,\text{s}^{-1}\,\curvearrowright$

4-24 siehe 4-21

$$v_B = R \cdot \omega_A - r\omega_B = 0{,}72\,\text{m/s};$$
$$\omega_{AB} = \frac{v_B}{R + r} = 6{,}0\,\text{s}^{-1} \curvearrowleft$$

4-25 Schnittpunkt der Normalen zur Schiene in A und B

4-26 Schnittpunkt AM mit Normalen zur Schiene in B

4-27 Schnittpunkt AB und DE

4-28 Schnittpunkt der Normalen zur Schiene in A und B

4-29 Schnittpunkt AB und Normale zur Schiene in D bzw. in E

4-30
bis 31 Berührungspunkt

4-32 Lehrbuch Abb. 4-18

4-33 Schnittpunkt AC mit Normalen zur Unterlage in B

4-34 Momentaner Drehpol s. Abb. 4-18 (Lehrbuch)
$v_A = 3{,}71\,\text{m/s} \rightarrow;\quad v_B = 2{,}98\,\text{m/s} \nearrow 16{,}7^\circ$ zur Vertikalen
$v_D = 2{,}0\,\text{m/s} \leftarrow;\quad v_E = 2{,}98\,\text{m/s} \searrow 16{,}7^\circ$ zur Vertikalen
$v_M = 0{,}86\,\text{m/s} \rightarrow$

4-35 $\dfrac{n_{AB}}{n_A} = \dfrac{r_A}{2(r_A + r_B)}$ $\qquad n_B = \dfrac{r_A}{2r_B}\, n_A$

4-36 $n_{AB} = \dfrac{n_A + \frac{r_D}{r_A} \cdot n_D}{1 + \frac{r_D}{r_A}} = 2{,}0\,\text{s}^{-1} \curvearrowright$

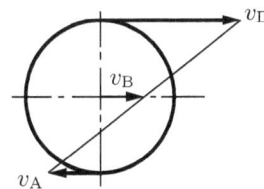

Abb. L4-36

4-37 $e = \dfrac{a_A}{\alpha};\qquad a_S = a_A - \dfrac{l}{2} \cdot \alpha$

4-38 $a_S = \dfrac{a_A + a_B}{2}$ $\qquad \alpha = \dfrac{a_B - a_A}{l}$

4-39 A bewegt sich mit $1,83\,\text{m/s}$ $\leftarrow$ beschleunigt mit $44,19\,\text{m/s}^2$

AB dreht sich mit $5,10\,\text{s}^{-1}$ $\curvearrowleft$ beschleunigt mit $26,04\,\text{s}^{-2}$

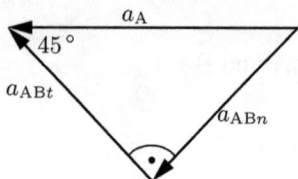

Abb. L4-39

4-40 A bewegt sich mit $1,83\,\text{m/s}$ $\leftarrow$ beschleunigt mit $40,53\,\text{m/s}^2$

AB dreht sich mit $5,10\,\text{s}^{-1}$ $\curvearrowleft$ beschleunigt mit $15,83\,\text{s}^{-2}$

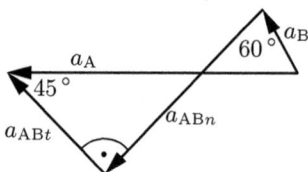

Abb. L4-40

4-41 B bewegt sich mit $5,68\,\text{m/s}$ $\leftarrow$ verzögert mit $61\,\text{m/s}^2$

AB dreht sich mit $4,98\,\text{s}^{-1}$ $\curvearrowleft$ beschleunigt mit $83\,\text{s}^{-2}$

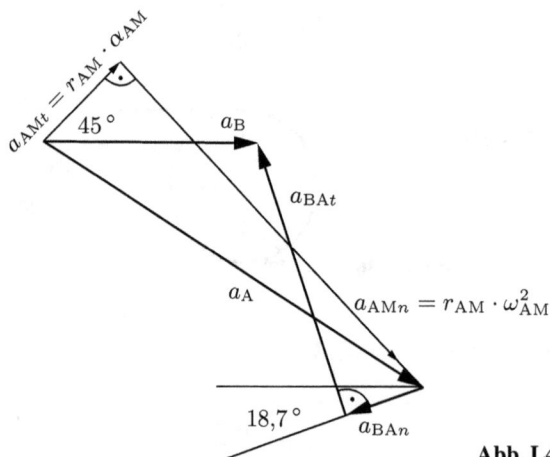

Abb. L4-41

4-42 siehe 4-16 $\alpha_E = 120\,\mathrm{s}^{-2}$

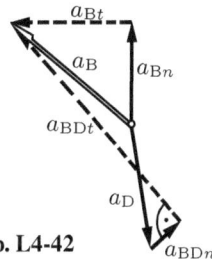

$\vec{a}_B = \vec{a}_D + \vec{a}_{BDn} + \vec{a}_{BDt}$

$\vec{a}_D$ aus α_E und ω_E ($36\,\mathrm{m/s^2}$; $30\,\mathrm{m/s^2}$);

a_{Bn} aus ω_A (siehe 4-16; $102\,\mathrm{m/s^2}$);

a_{BDn} aus ω_{BD} (siehe 4-16; $18\,\mathrm{m/s^2}$);

$a_B = 157\,\mathrm{m/s^2}$ unter $40{,}6\,°$ zur Horizontalen

$\alpha_{BD} = 384\,\mathrm{s}^{-2}$ $\alpha_{AB} = 672\,\mathrm{s}^{-2}$

Abb. L4-42

4-43 siehe 4-17

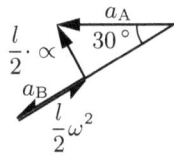

Abb. L4-43

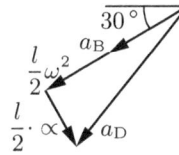

$a_A = 0{,}577\,\mathrm{m/s^2}$ ←

$\alpha = 0{,}577\,\mathrm{s}^{-2}$ ↻

Verzögerte Drehung
und Schiebung

$a_D = 1{,}53\,\mathrm{m/s^2}$

$40{,}9\,°$ zur
Horizontalen

4-44 B bewegt sich mit $3{,}26\,\mathrm{m/s}$ → verzögert mit $3{,}03\,\mathrm{m/s^2}$

AB dreht sich mit $3{,}47\,\mathrm{s}^{-1}$ ↻ beschleunigt mit $6{,}91\,\mathrm{s}^{-2}$

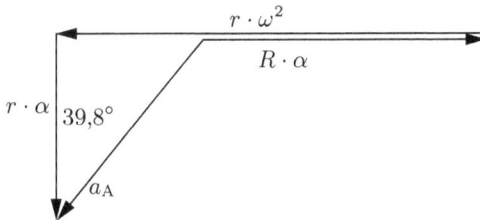

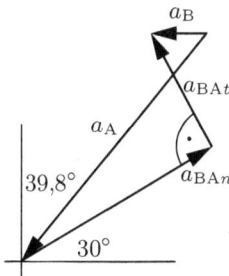

Abb. L4-44

4-45 $a = 135\,\mathrm{m/s^2}$ zum Mittelpunkt der Scheibe gerichtet.

4-46 $v_S = v_P \cdot \tan \delta$

4-47 $y = r \cdot \sin \left(\dfrac{\omega}{v} \cdot x \right)$

4-48 Gl. 3-5/6

$a_r = -12{,}5 \, \text{m/s}^2$ immer zum Drehpunkt gerichtet

$a_\varphi = a_{\text{Cor}} = 20 \, \text{m/s}^2$ gegenüber $\vec{v}$ um $90\,°$ im Sinn von ω gedreht.

4-49 $v_{\text{rel}} = 40{,}6 \, \text{m/s}$ unter $76{,}8\,°$ zur Scheibe

$v_n = 39{,}5 \, \text{m/s}$

4-50 $v_{\text{abs}} = \sqrt{v_x^2 + v_y^2} = 3{,}81 \, \text{m/s}$

fast senkrecht auf Band

$v_{\text{rel}} = 4{,}13 \, \text{m/s}$

$\delta = 6{,}1\,°$

$\varphi = 67{,}2\,°$

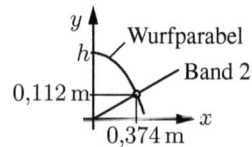

Abb. L4-50

4-51 $v_B = \text{konst.} \rightarrow a = 0$ (siehe 4-11)

$a_{\text{Cor}} = 2 v_{Br} \cdot \omega$

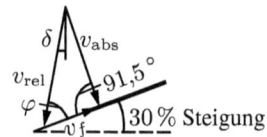

Abb. L4-51

$a_{\text{Cor}} = 2 \dfrac{v_B^2}{b} \sin \varphi \cdot \cos^2 \varphi$

$a_{\text{Cor}} = r \cdot \alpha$

$\dot{r} = v_r = v_B \cdot \sin \varphi$

$\ddot{r} = \dfrac{v_B^2}{b} \cos^3 \varphi$

(Beschleunigung im Schlitz)

$\ddot{r} = \dfrac{\mathrm{d} v_r}{\mathrm{d} \varphi} \cdot \dfrac{\mathrm{d} \varphi}{\mathrm{d} t} = \dfrac{\mathrm{d} v_r}{\mathrm{d} \varphi} \cdot \omega$

$\ddot{r} = r \cdot \omega^2$

4-52　siehe 4-13

$$a_{fn} = \frac{v_{Bu}^2}{r_{AB}} = 1{,}305\,\text{m/s}^2 \text{ oder } r_{AB}\omega_{AB}^2$$

$$a_{Cor} = 2v_{Br} \cdot \omega_{AB} = 9{,}72\,\text{m/s}^2; \quad a_{rel} = 0 \ (v = \text{konst.})$$

$$a_{Bn} = r_{BD} \cdot \omega_{BD}^2 = 27{,}5\,\text{m/s}^2$$

Damit Beschleunigungspolygon zeichnen und mit a_{ft} und a_{Bt} schließen

$\alpha_{AB} = 176\,\text{s}^{-2}$ (verzögert)

$\alpha_{DB} = 56\,\text{s}^{-2}$ (verzögert)

$a = 28{,}9\,\text{m/s}^2$ unter $27{,}4\,°$ zur Vertikalen

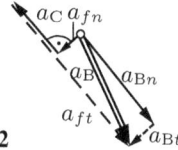

Abb. L4-52

4-53　$a_{\text{res}} = \omega\sqrt{4v^2 + (r \cdot \omega)^2} = 64{,}0\,\text{m/s}^2;$　　　$\tan\delta = -\dfrac{2v}{r \cdot \omega};\quad \delta = 141{,}3\,°$

4-54　$\vec{a} = \vec{a}_f + \vec{a}_{\text{rel}} + \vec{a}_C$

Führung = Drehung

relativ = Bewegung im Schlitz

a_{Cor} siehe Abb. 4-31 Lehrbuch

Für alle Punkte:

$$\vec{a}_f = \vec{a}_{fn} + \vec{a}_{ft} \text{ mit } a_{fn} = r \cdot \omega^2 = 4{,}0\,\text{m/s}^2$$
$$a_{ft} = r \cdot \alpha = 3{,}0\,\text{m/s}^2$$

$a_{Cor} = 2\omega \cdot v = 4{,}8\,\text{m/s}^2$ (Richtung s.o.)

Punkt A: $a_{\text{rel}} = 2{,}5\,\text{m/s}^2\ \uparrow$

$a = 9{,}91\,\text{m/s}^2$　　$10{,}4\,°$ zur Horizontalen

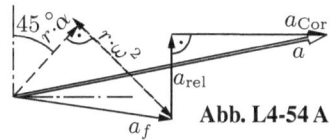

Abb. L4-54 A

Punkt B: $\vec{a}_{\text{rel}} = \vec{a}_{\text{rel}\,t} + \vec{a}_{\text{rel}\,n}$

$$\vec{a}_{\text{rel}\,t} = 2{,}5\,\text{m/s}^2\ \searrow \quad \vec{a}_{\text{rel}\,n} = \frac{v^2}{r_0} = 2{,}66\,\text{m/s}^2\ \nearrow$$

$a = 12{,}86\,\text{m/s}^2\ \nearrow\ 28{,}1\,°$ zur Vertikalen

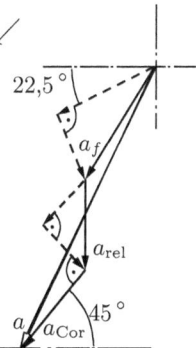

Abb. L4-54 B

Punkt D: Methode 1

$$\vec{a}_{\text{rel}} = \vec{a}_{\text{rel}\,t} + \vec{a}_{\text{rel}\,n} \quad \vec{a}_{\text{rel}\,t} = 2{,}5\,\text{m/s}^2 \;\nearrow$$

$$\vec{a}_{\text{rel}\,n} = \frac{v^2}{r} = 1{,}44\,\text{m/s}^2 \;\nwarrow$$

$$a = 11{,}62\,\text{m/s}^2 \;\nwarrow \qquad 16{,}8\,^\circ \text{ zur Horizontalen}$$

Methode 2

Zusammensetzung von zwei Drehbewegungen

Normalbeschl.: $a_n = r(\omega + \overline{\omega})^2$ mit $\overline{\omega} = \dfrac{v}{r}$

$$= r\omega^2 + 2r\omega\overline{\omega} + r\overline{\omega}^2$$

$$a_n = r\omega^2 + 2v \cdot \omega + \frac{v^2}{r}$$

siehe Methode 1

Tangentialbeschl.: $a_t = r \cdot \alpha + a_{\text{rel}\,t}$

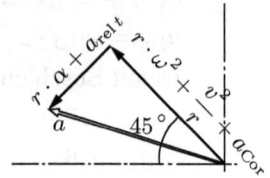

Abb. L4-54 D

4-55 $a_A = r_{AM} \cdot \omega_{AM}^2 = 120\,\text{m/s}^2$

$v_{A\,\text{rel}} = 1{,}66\,\text{m/s} \quad v_{Au} = 5{,}19\,\text{m/s} \Rightarrow \omega_{AB}$

daraus $a_{fn} = l_{AB} \cdot \omega_{AB}^2 \qquad = 32{,}76\,\text{m/s}^2$

$\qquad a_{\text{Cor}} = 2 \cdot v_{A\,\text{rel}} \cdot \omega_{AB} = 20{,}96\,\text{m/s}^2$

Schwinge dreht mit $6{,}31\,\text{s}^{-1}$ ↷ beschleunigt mit $49{,}82\,\text{s}^{-2}$

A gleitet relativ zur Führung mit $1{,}66\,\text{m/s}$ nach außen verzögert mit

$a_{A\,\text{rel}} = 81{,}13\,\text{m/s}^2$

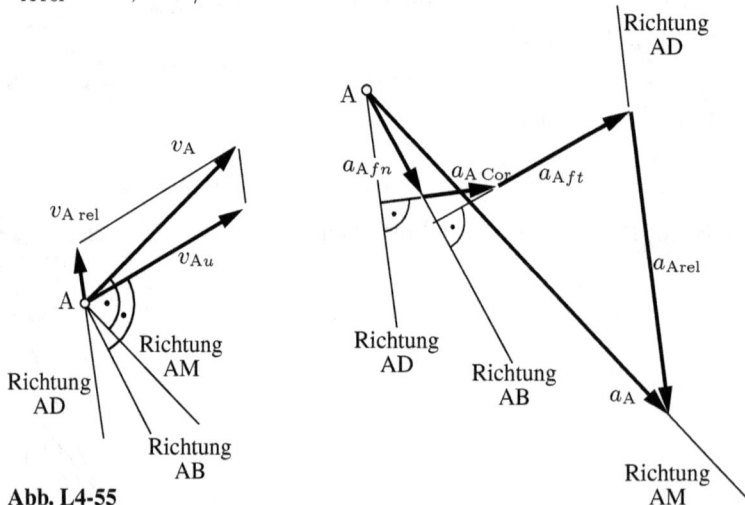

Abb. L4-55

4-56　Stange EH bewegt sich mit $3{,}55\,\mathrm{m/s} \to$ beschleunigt mit $25{,}5\,\mathrm{m/s^2}$

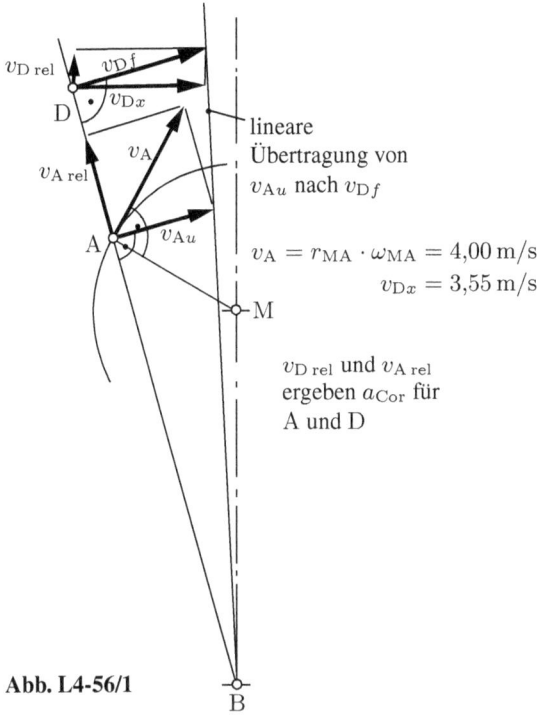

lineare
Übertragung von
v_{Au} nach v_{Df}

$$v_A = r_{MA} \cdot \omega_{MA} = 4{,}00\,\mathrm{m/s}$$
$$v_{Dx} = 3{,}55\,\mathrm{m/s}$$

$v_{D\,rel}$ und $v_{A\,rel}$
ergeben a_{Cor} für
A und D

Abb. L4-56/1

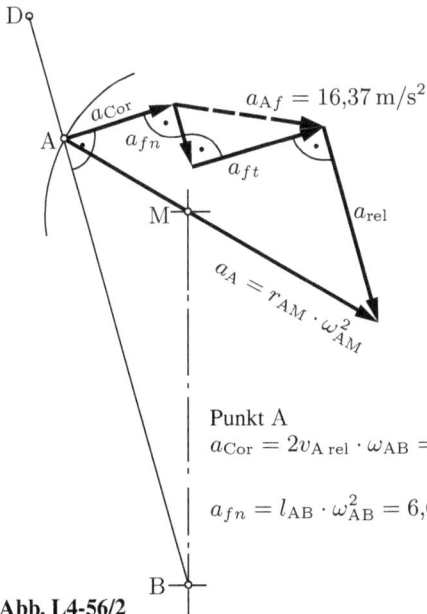

$a_{Af} = 16{,}37\,\mathrm{m/s^2}$

$$a_A = r_{AM} \cdot \omega_{AM}^2$$

Punkt A
$$a_{Cor} = 2v_{A\,rel} \cdot \omega_{AB} = 12{,}8\,\mathrm{m/s^2}$$

$$a_{fn} = l_{AB} \cdot \omega_{AB}^2 = 6{,}65\,\mathrm{m/s^2}$$

Abb. L4-56/2

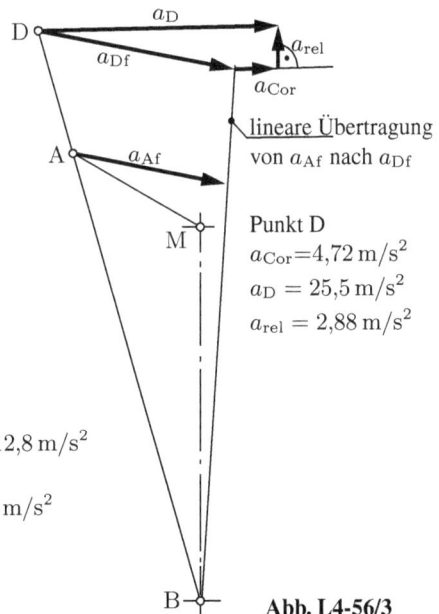

lineare Übertragung
von a_{Af} nach a_{Df}

Punkt D
$a_{Cor} = 4{,}72\,\mathrm{m/s^2}$
$a_D = 25{,}5\,\mathrm{m/s^2}$
$a_{rel} = 2{,}88\,\mathrm{m/s^2}$

Abb. L4-56/3

4-57 ω-Vektor ist parallel verschiebbar

$$v_{Dx} = -r(\omega_1 + \omega_2) = -90\,\text{m/s}; \qquad v_{Dy} = e \cdot \omega_1 = 60\,\text{m/s}$$

4-58 $\omega_{\text{res}} = \omega - \omega = 0 \Rightarrow \text{BDE unterliegt Schiebung}$

$$v_D = v_B = l \cdot \omega = 3{,}0\,\text{m/s} \uparrow$$

Lösungen zu Kapitel 5/6

6-1   a) $S_A = \dfrac{1}{4}\left[S_B - m_B \cdot g \cdot \mu_B + m_B \cdot g(\sin\delta + \mu_A \cdot \cos\delta)\right]$

$S_A = 286\,\text{N}$

b) $v = 4{,}54\,\text{m/s}$ d) $a = \text{konst.} = 0{,}91\,\text{m/s}^2$

c) $v = 2{,}33\,\text{m/s}$

6-2 $S_A = \dfrac{1}{4}g\left(m_A + \dfrac{3}{2}m_B\right) = 110\,\text{N};$ $S_B = 2S_A$ gilt nur für leichte Rolle

$v_B = g \cdot t\left(\dfrac{m_A}{2m_B} - \dfrac{1}{4}\right) = 2{,}45\,\text{m/s};$ $a_A = \dfrac{1}{4}g;$ $a_B = \dfrac{1}{8}g.$

6-3 $-\,m_A \cdot v_{A_1} + S_A \cdot t - m_A \cdot g \cdot t = +m_A \cdot v_{A_2}$

$+\,m_B \cdot v_{B_1} + S_B \cdot t - m_B \cdot g \cdot t = -m_B \cdot v_{B_2}$

$\sum M = 0$ an Doppelrolle $i \cdot M_{\text{Mot}} + S_B \cdot r_B - S_A \cdot r_A = 0$

(gilt nur für vernachlässigbare Rollenmasse)

a) $S_A = 75{,}82\,\text{kN}$ $S_B = 25{,}49\,\text{kN}$

b) $v_A = 3{,}66\,\text{m/s}\,\uparrow$ $v_B = 6{,}09\,\text{m/s}\,\downarrow$

c) $a = \text{konst.} = \dfrac{\Delta v}{\Delta t}$

$a_A = 2{,}83\,\text{m/s}^2\,\uparrow$ $a_B = 4{,}71\,\text{m/s}^2\,\downarrow$

$\alpha = 18{,}85\,\text{s}^2\,\curvearrowright$ Seiltrommel

d) Gl. 2-9 (s ist Ortskoordinate, nicht zurückgelegter Weg)

$v_A = 3{,}11\,\text{m/s}\,\uparrow$ $v_B = 5{,}18\,\text{m/s}\,\downarrow$

e) $\omega_{2s} = 122\,\text{s}^{-1}$ Motorwelle

$P = M \cdot \omega = 122\,\text{kW}$

6-4 $F \cdot \Delta t + S \cdot \Delta t - F_R \cdot \Delta t - m_A \cdot g \cdot \Delta t = m_A \cdot v_{\max}$

$S \cdot \Delta t - m_B \cdot g \cdot \Delta t = -m_B \cdot v_{\max}$

a) $F = (m_A + m_B)\dfrac{v}{t} + F_R + (m_A - m_B)g$

$F = 6{,}79\,\text{kN}$ $M = 340\,\text{Nm}$

b) $S = 4{,}89\,\text{kN}$

c) $\alpha = 33{,}4\,\text{s}^{-2}$

d) $s = 33{,}3\,\text{mm}$ (Gl. 2-9)

e) $P = M \cdot \omega = 2{,}26\,\text{kW}$

6-5 $S_A = m_A \left[\dfrac{v_A}{\Delta t} + g(\sin\beta + \mu\cos\beta)\right] = 43,1\,\text{kN}; \quad S_B = 37,6\,\text{kN}$

$M = S_A \cdot r_A - S_B \cdot r_B$ leichte Trommel

$P_{\max} = 10,8\,\text{kW}; \quad P_{\text{stat}} = 6,6\,\text{kW}$

6-6 Beachten: $v_A = 2v_B$

$t = 1,08\,\text{s}$ $\hspace{8cm}$ $S = 1,78\,\text{kN}$

6-7 Am Wagen wirkt doppelte Seilkraft

$v = \dfrac{2}{m}\displaystyle\int S \cdot dt - g \cdot t \cdot \sin\beta$

a) $v_8 = 6,51\,\text{m/s}$ $\hspace{5cm}$ $v_{12} = 6,76\,\text{m/s}$

b) $P = 2S \cdot v = 237\,\text{kW}$

6-8 $m \cdot dv = F \cdot dt = k \cdot v^2 \cdot dt$

$k_1 = k_2 = \dfrac{m}{\Delta t}\left(\dfrac{1}{v_2} - \dfrac{1}{v_1}\right)$

$F_W = 0{,}518\left(\dfrac{v}{100}\right)^2$ $\hspace{3cm}$ $\begin{array}{c|c|c} v & F_W & P \\ \hline \text{km/h} & \text{kN} & \text{kW} \end{array}$

$P_W = 14{,}38\left(\dfrac{v}{100}\right)^3$

$P_{W\,190} = 99\,\text{kW}$

6-9 Aus $\displaystyle\int F \cdot dt = m(v_1 - v_2)$ und $W = \dfrac{m}{2}(v_1^2 - v_2^2)$ mit $v_1 = \sqrt{2g \cdot H}$

$W = \left(\sqrt{2g \cdot H} - \dfrac{\int F \cdot dt}{2m}\right) \cdot \displaystyle\int F \cdot dt$

$\displaystyle\int F \cdot dt = 15\,\text{N\,s}; \qquad W = 71{,}1\,\text{Nm}$

6-10 $v_{B_2} = 0{,}32\,\text{m/s} \rightarrow \qquad F_m = 2{,}56\,\text{kN}$

6-11 $v_{A_1} = 1{,}97\,\text{m/s}$ $\hspace{5cm}$ $v_2 = -0{,}88\,\text{m/s} \leftarrow$

$F_m = 206\,\text{kN}$

6-12 Ansatz: Impulserhaltungssatz; Energiesatz

Arbeit der Feder $W = \dfrac{1}{2}F_f \cdot f$ (elastisches System)

$v_A = -\sqrt{\dfrac{F_f \cdot f}{m_A(1 + m_A/m_B)}}; \qquad v_B = -\sqrt{\dfrac{F_f \cdot f}{m_B(1 + m_B/m_A)}}$

6-13 siehe 6-12; mitbewegtes Koordinatemsystem, Geschwindigkeit v_1 wird überlagert

6-14 $m_B \cdot v_{B_1} = (m_A + m_B) \cdot v_2$

$(m_A + m_B) \cdot v_2 = F_m \cdot \Delta t$

$v_{B_1} = 4{,}0\,\text{m/s}$

6-15 $F_m = \dfrac{m_{\text{ges}} \cdot v_2^2}{2 \cdot \Delta s} = 950\,\text{N}\,;$ $\qquad\qquad\qquad W = 47\,\text{J}$

6-16 $\tan\delta = \dfrac{2\sin\beta + \sin\gamma}{2\cos\beta - \cos\gamma}$ $\qquad\qquad \delta = 59°\,\searrow$

$v_2 = \dfrac{2v_1\cos\beta - v_1\cos\gamma}{3\cos\delta} = 3{,}32\,\text{m/s}$

$F_x = 5{,}24\,\text{kN};$ $\qquad\qquad\qquad\qquad F_y = -0{,}69\,\text{kN};\quad$ auf A wirkend

6-17 $k = 0{,}6$

6-18 a) $\displaystyle\int F \cdot \mathrm{d}t = m \cdot \sqrt{2gh}$

b) $\displaystyle\int F \cdot \mathrm{d}t = 2m \cdot \sqrt{2gh}$

c) $\displaystyle\int F \cdot \mathrm{d}t = (1 + k)m \cdot \sqrt{2gh}$

6-19 $v \approx 195\,\text{km/h}$

6-20 $v_{A_2} = 0$ $\qquad\quad m_A = 10^4\,\text{kg}$ $\qquad\quad s = 0{,}255\,\text{m}$

6-21 Geschwindigkeit nach Stoß

$v_2 = \dfrac{m_A}{m_A + m_B} \cdot \sqrt{2gh}$

Impulssatz

$m_{\text{ges}} \cdot v_2 + m_{\text{ges}} \cdot g \cdot t - F_W \cdot t = 0;\quad t$ aus Gl. 2-9; $\quad F_W \approx 88\,\text{kN}$

6-22 $k = \dfrac{\tan\delta_1}{\tan\delta_2}$

6-23 $v_{A_2} = (1 + k) \cdot v_B - k v_{A_1}\quad$ (Vorzeichen)

$v_{A_2} = 116\,\text{m/s}$

6-24 Zerlegung der Geschwindigkeiten in Normalrichtung (Stoßlinie) und Tangentialrichtung zur Scheibe.

$v \approx 56{,}8\,\text{m/s}$ unter $27{,}4\,^\circ$ zur Horizontalen

6-25 $\dot{m} = \dfrac{F}{\cos \beta \cdot \sqrt{2gh}}$

6-26 $p \cdot V = \dfrac{m}{2}\, v^2 \Rightarrow v = \sqrt{\dfrac{2 \cdot p}{g}}$

$p_A = \dfrac{F}{A} = 2p_P = 300\,\text{N/mm}^2; \quad v = 540\,\text{m/s}\,!$

6-27 $F_{\text{Sch}} = 2\varrho \cdot A(v_1 - u)^2$

Verdoppelung durch Umlenkung um $180\,^\circ$

Für $u_{\text{opt}} \quad F_{\text{Sch}} = \dfrac{1}{2}\, \varrho \cdot A \cdot v_1^2$

$$P_{\text{Sch}} = \dfrac{1}{4}\, \varrho \cdot A \cdot v_1^3 = \dfrac{\dot{m}}{4}\, v_1^2$$

Schaufelzahl im Strahl $z = \dfrac{P_{\text{max}}}{P_{\text{Sch}}} = 2$

6-28 $S = 40{,}8\,\text{kN}$ $\qquad\qquad\qquad\qquad P = 11{,}9\,\text{MW}$

6-29 $F = \dot{m} \cdot \Delta v = 2{,}19\,\text{kN}$

6-30 $M = 5{,}64\,\text{kN}\,\text{m}$

6-31 Für ungelochte Platte $m = 200\,\text{kg}$

$J_x = 13{,}17\,\text{kg}\,\text{m}^2 \qquad J_y = 4{,}958\,\text{kg}\,\text{m}^2 \qquad J_{pS} = 17{,}09\,\text{kg}\,\text{m}^2$

6-32 $J_A = 22{,}8\,\text{kg}\,\text{m}^2 \qquad J_S = 2{,}79\,\text{kg}\,\text{m}^2$

$i_A = 0{,}872\,\text{m} \qquad\quad i_S = 0{,}305\,\text{m}$

6-33 $R = r\sqrt{\dfrac{1 - f}{2{,}50f}} = 8{,}92r$

Das Trägheitsmoment nimmt mit dem Abstand R sehr stark zu, deshalb ist J_s vernachlässigbar, wenn $R \gg r$ gilt.

6-34 Körper in axialer Richtung zu einem „Flansch" der Dicke $h = 53{,}7\,\text{mm}$ zusammenschieben; $\quad J = 7736\,\text{kg}\,\text{cm}^2$

6-35 $J = 0,50\,\text{kg}\,\text{m}^2$

6-36 $J_{xy} = 1,30 \cdot 10^{-3}\,\text{kg}\,\text{m}^2$

6-37 Für kleine Winkel
$$J_{xy} = m \cdot \frac{r^2}{4} \cdot \delta \quad (\delta\ \text{Bogen})$$
$$J_{xy} = 5,45 \cdot 10^{-4}\,\text{kg}\,\text{m}^2$$

6-38 $m_1 = 0,725\,\text{kg}$ $\qquad\qquad J_{xy} = 0,108\,\text{kg}\,\text{m}^2$

6-39 $m_2 = m_3 = 0,60\,\text{kg}$
Mit den drei Zusatzmassen ist das Gestänge statisch (1) und dynamisch (2 und 3) ausgewuchtet (maximale Laufruhe).

6-40 $t = \dfrac{2J \cdot \Delta\omega}{M_0} = 30,2\,\text{s}$

6-41 Zusammenhang zwischen Schiebung der Masse und Drehung der Spindel
$$\frac{h}{t_u} = v;\quad \frac{2\pi}{t_u} = \omega \Rightarrow \omega = 2\pi\,\frac{v}{h}$$
Ansatz (System freimachen)
$$F_{\text{Sp}} \cdot \Delta t - m \cdot g \cdot \mu \cdot \Delta t = m \cdot v \quad (\text{Masse})$$
$$M_{\text{M}} \cdot \Delta t - F_{\text{Sp}} \cdot r \cdot \tan(\delta + \rho) \cdot \Delta t = J \cdot \omega \quad (\text{Spindel})$$
a) $M_{\text{M}} = m \left(g \cdot \mu + \dfrac{v_{\max}}{\Delta t}\right) \cdot r \cdot \tan(\delta + \rho) + \dfrac{v_{\max}}{\Delta t} \cdot J \cdot 2\pi \cdot \dfrac{1}{h}$

b) in Gleichung a) $\dfrac{v_{\max}}{\Delta t} = 0$ setzen

c) $M_{\text{M}} = 6,72\,\text{Nm};\quad M_{\text{M}} = 1,10\,\text{Nm}$

d) aus c) $P = 1,06\,\text{kW}$ für $n_{\max}$

e) $P = 173\,\text{W}$

6-42 $J_{\text{red A}} = 0,0281\,\text{kg}\,\text{m}^2$
$J_{\text{red B}} = 0,253\,\text{kg}\,\text{m}^2$
$J_{\text{red C}} = 4,04\,\text{kg}\,\text{m}^2$

6-43 $J = m_{\text{B}} \cdot r_{\text{B}}^2 \left[\dfrac{g \cdot t^2}{h}\left(\dfrac{r_{\text{A}}}{r_{\text{B}}} - \dfrac{m_{\text{A}} r_{\text{A}}^2}{m_{\text{B}} r_{\text{B}}^2}\right) - \left(2\,\dfrac{r_{\text{A}}}{r_{\text{B}}} - \dfrac{m_{\text{A}} r_{\text{A}}^2}{m_{\text{B}} r_{\text{B}}^2}\right)\right] = 64,2\,\text{kg}\,\text{m}^2$

6-44 $\displaystyle\int M \cdot \mathrm{d}t - m \cdot g \cdot r \cdot t = m \cdot v \cdot r + J \cdot \omega$

Seiltrommel $\displaystyle\int_{0}^{3{,}0\,\mathrm{s}} M \cdot \mathrm{d}t = 7452\,\mathrm{Nm\,s}$

$v_3 = 4{,}47\,\mathrm{m/s} \quad v_{10} = 4{,}59\,\mathrm{m/s}$

6-45   siehe 6-41

Motormoment setzt sich aus den Anteilen M_J (Beschleunigung rotierender Teile) und dem Anteil M_m (Heben von m) zusammen

$F_{\mathrm{axial}} \cdot t - F_{\mathrm{R}} \cdot t - m \cdot g \cdot t = m \cdot v$

$i \cdot M_{\mathrm{Mot}} \cdot t - F_{\mathrm{Sp}} \cdot r \cdot \tan(\delta + \rho) \cdot t = J_{\mathrm{red}} \cdot \omega$

$M_{\mathrm{Mot}} = \dfrac{1}{i}\left(m\,\dfrac{v}{t} + m \cdot g + F_{\mathrm{R}}\right) \cdot r \cdot \tan(\delta + \rho) + J_{\mathrm{red\,Motor}} \cdot \alpha_{\mathrm{Motor}}$

a) $M_{\mathrm{Mot}} = 13{,}67\,\mathrm{Nm} \quad (t \approx 0{,}025\,\mathrm{s})$

b) $M_{\mathrm{Mot}} = 5{,}74\,\mathrm{Nm}$

c) $P = 1{,}43\,\mathrm{kW}$

d) $P = 0{,}60\,\mathrm{kW}$

6-46 $t = \dfrac{2\pi \cdot n \cdot r}{\mu \cdot g} = 0{,}96\,\mathrm{s}\,;$

$W = \mu \cdot m_{\mathrm{B}} \cdot g \cdot d \cdot \pi \cdot n \cdot t = 11{,}3\,\mathrm{J}$ an den beiden Rollen

6-47   Balken und eine Rolle freimachen

$\mu \cdot m_{\mathrm{B}} \cdot g \cdot t = m_{\mathrm{B}} \cdot v_{\mathrm{B}}$

$J \cdot \omega_0 - \mu \cdot \dfrac{m_{\mathrm{B}} \cdot g}{2} \cdot t \cdot r = J \cdot \omega_1$

$\omega_1 = \dfrac{v_{\mathrm{B}}}{r} \quad$ für Rollen ohne Gleiten

$t = 0{,}31\,\mathrm{s} \qquad v_{\mathrm{B}} = 0{,}60\,\mathrm{m/s}$

6-48 $M_z = m \cdot g \cdot r(\sin\delta + \mu\cos\delta) + (mr^2 + J_{\mathrm{red}\,z})\dfrac{\alpha_{\mathrm{Mot}}}{i}$

Index z = Zahnradwelle

a) $M = 21{,}69\,\mathrm{Nm}$

b) $M = 11{,}23\,\mathrm{Nm}$

c) $v_{\max} = 0{,}43\,\mathrm{m/s} \qquad\qquad\qquad t = 0{,}50\,\mathrm{s}$

d) $P = 2{,}50\,\mathrm{kW} \qquad\qquad\qquad\quad\; P = 1{,}29\,\mathrm{kW}$

6-49 1) $m_B \cdot g \cdot r \cdot t - M_R \cdot t = J \cdot \omega + m_B \cdot v \cdot r$;

$J = 18{,}13 \, \text{kg} \, \text{m}^2$

2) $J \cdot \omega + m_B \cdot v \cdot r - M_{Br} \cdot \Delta t + m_B \cdot g \cdot r \cdot \Delta t - M_R \cdot \Delta t = 0$

a) $\omega = 6{,}94 \, \text{s}^{-1}$

b) $\alpha = +1{,}39 \, \text{s}^{-2}$; $\qquad\qquad \alpha = -34{,}7 \, \text{s}^{-2}$

c) $S = 93{,}9 \, \text{N}$; $\qquad\qquad\quad S = 202 \, \text{N}$

d) $M_{Br} = 687 \, \text{Nm}$

6-50 a) Gl. 4-4/5/7 $\qquad\qquad\qquad\qquad M = 4{,}91 \, \text{Nm}$

b) $\displaystyle\int F \cdot \mathrm{d}t = 49{,}1 \, \text{N s}$

c) $\omega_0 = 15{,}71 \, \text{s}^{-1}$ $\qquad\qquad\qquad \alpha = -7{,}86 \, \text{s}^{-2}$

d) $F_m \approx 50 \, \text{kN}$

6-51 $\omega = \dfrac{J_A \cdot n_A \pm J_B \cdot n_B}{J_A + J_B}$ $\qquad$ – bei entgegensetzten Drehrichtungen

6-52 Das System muss zunächst auf eine Welle reduziert werden, da sonst die Lagerkräfte ein resultierendes Moment ausüben, dessen Vektor parallel zur Rotationsachse liegt. Die Bedingung $M = 0$ (freies System) ist nicht erfüllt, deshalb gilt „Drall = konst." nicht für das Zweiwellensystem mit parallel versetzten Wellen.

$n_{2AB} = \dfrac{J_A}{J_A + J_B + i^2 J_C} = 3{,}33 \, \text{s}^{-1}$; $\quad n_{2C} = 16{,}7 \, \text{s}^{-1}$

6-53 $J_A = \dfrac{n_2}{n_1 - n_2} \cdot m_B \cdot r^2$

6-54 Drall $= m r^2 \omega = $ konst. $\qquad v_\varphi = \dfrac{r_0}{r} v_{\varphi 0}$ vgl. 3-9 $\qquad v_\varphi$

Geschwindigkeit nimmt zum Zentrum hin sehr stark zu. Dieses Gesetz stimmt nicht im Zentrum, da $v_\varphi \to \infty$ nicht möglich ist.

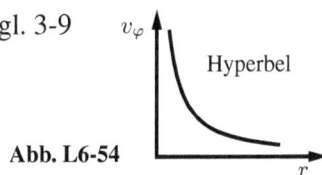

Hyperbel

Abb. L6-54

r

6-55 System freimachen, Bodenkraft F_u einführen

$$- m \cdot v_0 + \int F \cdot dt - \int F_u \cdot dt = m \cdot v_1$$

$$- J \cdot \omega_0 + r \cdot \int F \cdot dt + r \cdot \int F_u \cdot dt = J \cdot \omega_1$$

a) $t = 5{,}0\,\text{s}$ Rohr $\omega = 3{,}05\,\text{s}^{-1}$ $v = 1{,}5\,\text{m/s}$
                      Zylinder $\omega = 4{,}67\,\text{s}^{-1}$ $v = 2{,}33\,\text{m/s}$

b)   Rohr $F_u = 0$
       Zylinder $F_u = -\dfrac{1}{3}F \ (\rightarrow !)$ $\left.\right\}$ für jeden Zeitpunkt

6-56 $v = \dfrac{2}{3}\,g \cdot t$ $v = \sqrt{\dfrac{3}{4}\,gH}$ $S = \dfrac{1}{3}\,m \cdot g$

6-57 Gesamtsystem $F_{\text{Antr}} \cdot \Delta t - F_u \cdot \Delta t = m_{\text{ges}} \cdot v$
          Angetriebene Achse $M \cdot \Delta t - F_{\text{Antr}} \cdot r \cdot \Delta t = 2J_{\text{Sch}}\,\omega$
                                        $F_{\text{Antr}} \cdot \Delta t - F_{Ax} \cdot \Delta t = 2m_{\text{Sch}} \cdot v$
          Mitlaufende Achse $F_u \cdot r \cdot \Delta t = 2J_{\text{Sch}}\omega$
                                        $F_{Bx} \cdot \Delta t - F_u \cdot \Delta t = 2m_{\text{Sch}} \cdot v$

a) $v = 2{,}27\,\text{m/s}$ $\omega = 11{,}36\,\text{s}^{-1}$
b) $a = 0{,}454\,\text{m/s}^2$ $\alpha = 2{,}27\,\text{s}^{-2}$
c) $F_{\text{Antr}} = 455\,\text{N}$ $F_u = 45\,\text{N}$

                                        notwendige Umfangskraft an beiden
                                        Vorderrädern, damit Räder abrollen.
d) $F_{Ax} = 364\,\text{N}$ $F_{Bx} = 136\,\text{N}$
e) $P = M \cdot \omega = 1{,}14\,\text{kW}$

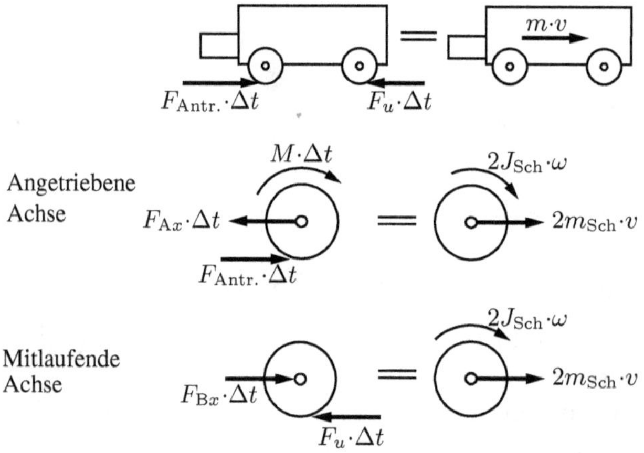

Abb. L6-57

6-58 $\quad t = \dfrac{r \cdot \omega_0}{2g\mu} \approx 1\,\text{s}\,; \qquad v \approx 2\,\text{m/s}$

6-59 $\quad F \cdot \Delta t = m \cdot v_s$

$\qquad F \cdot \Delta t \dfrac{1}{4} = J_S \cdot \omega$

$\qquad v_A = \dfrac{F \cdot \Delta t}{2m} = 0{,}05\,\text{m/s} \;\leftarrow;$

$\qquad v_B = \dfrac{15 F \cdot \Delta t}{6m}$

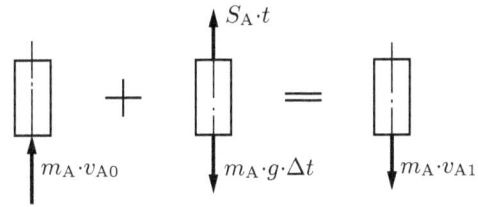

6-60 Beachten: B = lose Rolle;

$\qquad v_B = \dfrac{1}{2}\, v_A$

Impulssatz für A und B und
Drehimpulssatz für B nach
Abb. aufstellen.

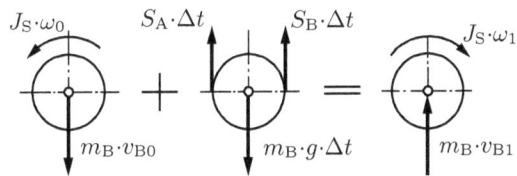

Abb. L6-60

$v_A = 0{,}784\,\text{m/s} \downarrow; \qquad v_B = 0{,}392\,\text{m/s} \uparrow; \qquad \omega_B = 1{,}57\,\text{s}^{-1}$

$a_A = 3{,}57\,\text{m/s}^2 \downarrow; \qquad a_B = 1{,}78\,\text{m/s}^2 \uparrow; \qquad \alpha_B = 7{,}14\,\text{s}^{-2}$

$S_A = 1{,}25\,\text{kN}\,; \qquad\quad S_B = 1{,}07\,\text{kN}$

6-61 $\quad S_B = \dfrac{1}{2 \cdot \Delta t}\left(J_S \dfrac{v_B}{r_B^2} + m_B v_B + m_B \cdot g \cdot \Delta t \cdot \sin\beta \right) = 6{,}78\,\text{kN}$

$\qquad S_A = 2{,}22\,\text{kN}; \qquad M_{\text{Mot}} = 169\,\text{Nm}; \qquad P_{\text{Mot}} = 14{,}6\,\text{kW}$

6-62 $\quad \omega_2 = -k\omega_1 = -3{,}47\,\text{s}^{-1} \quad$ unabhängig von r

6-63 $\quad r = \dfrac{2}{3}\, l$

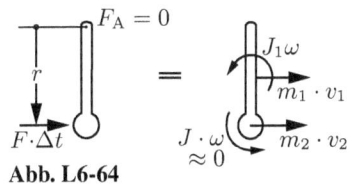

6-64 nach Gl. 6-30 $\qquad r = 0{,}93\,\text{m}$

oder aus Ansatz nach Abbildung

Abb. L6-64

6-65 $\quad \dfrac{J}{r^2} = \dfrac{m}{2} : \displaystyle\int F \cdot \mathrm{d}t = \dfrac{3}{2}\, m \cdot \Delta v = 30\,\text{Ns};$

$\qquad F_m = 4{,}0\,\text{kN}; \quad F_u = \dfrac{m \cdot \Delta v}{2 \cdot \Delta t} = 1{,}33\,\text{kN}; \quad \mu_0 = 0{,}68$

6-66 $v_2 = \dfrac{3}{7}\,v_1$ $\omega_2 = \dfrac{12}{7}\cdot\dfrac{v_1}{l}$

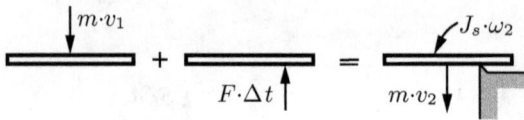

Abb. L6-66

6-67 Momente um A $\omega_2 = \dfrac{3v}{4l}$

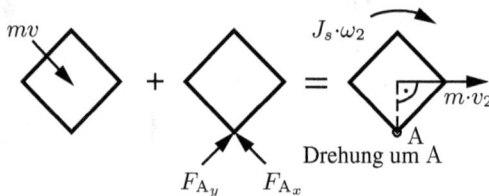

Drehung um A

Abb. L6-67

6-68 a) $v_2 = -k\cdot v_1 = -0{,}60\,\text{m/s}\;(\rightarrow)$

Drall = konst. $\Rightarrow \omega_2 = \omega_1 = 10\,\text{s}^{-1}\;(\curvearrowleft)$

Kugel bewegt sich nach rechts, dreht sich aber noch in ursprünglicher Richtung.

b;c) Nach Abb.:

$$J\cdot\omega_2 - m\cdot g\cdot\mu\cdot\Delta t\cdot r = -J\cdot\omega_3$$
$$m\cdot v_2 - m\cdot g\cdot\mu\cdot\Delta t = m\cdot v_3;\qquad v_3 = r\cdot\omega_3$$
$$\Delta t = 0{,}466\,\text{s};\qquad v_3 = 0{,}143\,\text{m/s};\qquad \omega_3 = 1{,}43\,\text{s}^{-1}$$

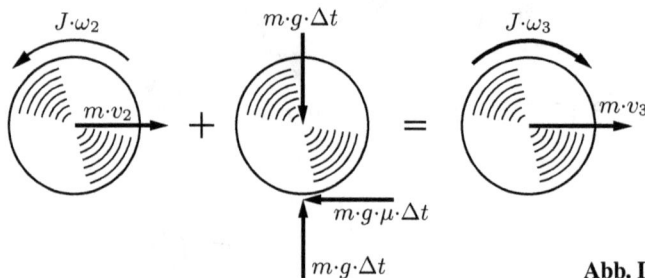

Abb. L6-68

6-69 $M = 2{,}41\,\text{kN\,m}$

6-70 $M = 0{,}34\,\text{Nm}$

Lösungen zu Kapitel 7

7-1 Gl. 2-6/7 $a = 0{,}76 \, \text{m/s}^2$

$m \cdot a + m \cdot g \cdot \cos\delta \cdot \mu - m \cdot g \cdot \sin\delta = 0; \quad \mu = 0{,}38$

$\Delta s = 1{,}66 \, \text{m}$ $(\Delta t = 0{,}40 \, \text{s})$

7-2 $F = 640 \, \text{N}$

7-3 a) $a = \mu \cdot g$

b) $v_m = 3{,}04 \, \text{m/s}$

  nach $t_m = 3{,}1 \, \text{s}$

c) $\Delta s = 0{,}99 \, \text{m}$

d) $v_{\max} = 3{,}2 \, \text{m/s}^2$

  nach $t_e = 4{,}0 \, \text{s}$

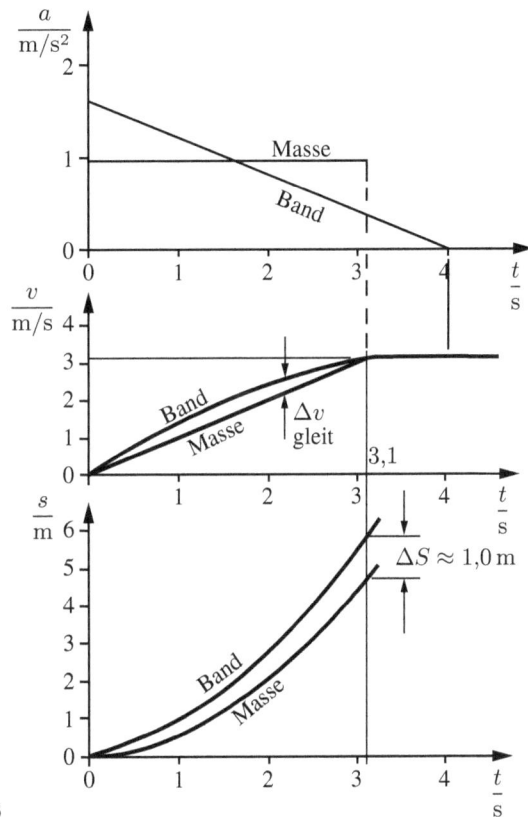

Abb. L7-3

7-4 Kräftegleichgewicht $m \cdot g - ma - F_\text{W} = 0$

$m \cdot g - ma - \text{konst.} \cdot v^2 = 0 \quad a = g(1 - kv^2)$

7-5 siehe 6-1/2
bis 6

7-7   siehe 6-3

Die Bewegungsrichtung des Gesamtsystems kann angenommen werden, die Bewegungsrichtungen der Einzelteile hängen voneinander ab und können nicht unabhängig voneinander angenommen werden; z. B. A und B nach oben

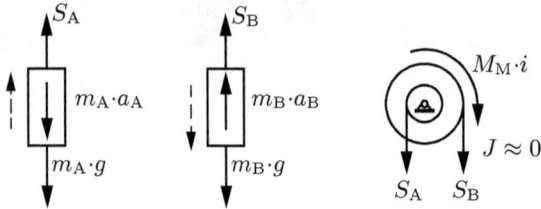

Abb. L7-7

7-8   siehe 6-4/5/6
bis 10

7-11 $n_{\max} = \dfrac{1}{2\pi}\sqrt{\dfrac{g}{r \cdot \tan(\beta - \varrho)}} = 1{,}22\,\mathrm{s}^{-1}$

$n_{\min} = \dfrac{1}{2\pi}\sqrt{\dfrac{g}{r \cdot \tan(\beta + \varrho)}} = 0{,}41\,\mathrm{s}^{-1}$

7-12 $r = 313\,\mathrm{m}$

Bodenwelle: $a = -4{,}5\,\mathrm{m/s^2}$;   Horizontale: $a = -7{,}8\,\mathrm{m/s^2}$

7-13   Um β gedrehtes Koordinatensystem verwenden

$F_{\mathrm{A}} = F_{\mathrm{B}} = \dfrac{1}{2}\,m \cdot g \cdot \sin\beta = 168\,\mathrm{N}$; $a = g \cdot \cos\beta = 9{,}22\,\mathrm{m/s^2}$

7-14 $\omega^2 = \dfrac{g}{r \cdot \mu}\,(\sin\beta - \mu \cdot \cos\beta)$; $n = 0{,}89\,\mathrm{s}^{-1}$

7-15

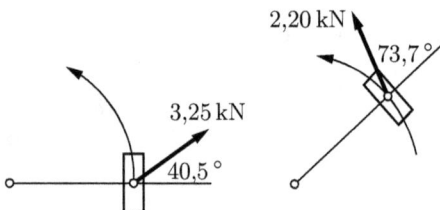

Abb. L7-15

7-16 $m\dfrac{v^2}{r} = mg$ $g = g_0 \cdot \left(\dfrac{r_0}{r}\right)^2$

   $v = \dfrac{2\pi r}{T}$ $g_0 = 9{,}81\,\mathrm{m/s^2}$

   $r = r_0 + h$ $r_0 = 6370\,\mathrm{km}$

   $T = 2\pi\left(1 + \dfrac{h}{r_0}\right)\sqrt{\dfrac{r_0 + h}{g_0}}$

7-17 $h \approx 35900\,\mathrm{km}$

7-18 $M = \displaystyle\int r \cdot \mathrm{d}F_{\mathrm{Cor}} = \dot{V} \cdot \varrho \cdot \omega \cdot l^2 = 100\,\mathrm{Nm}$

7-19 $F_{\mathrm{Cor}} = 200\,\mathrm{N}$ in Richtung ω

7-20 siehe 3-7 $a_\varphi = 12{,}8\,\mathrm{m/s^2}$

   $F_\varphi = m \cdot a_\varphi = 256\,\mathrm{N}$ entgegen ω

7-21 $F_{\mathrm{Cor}} = 445\,\mathrm{N}$

   $M = F_{\mathrm{Cor}} \cdot \cos 65^\circ \cdot r = 16{,}9\,\mathrm{Nm}$

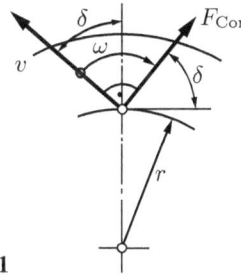

Abb. L7-21

7-22 Freimachen, Kräfte parallel und senkrecht zur schiefen Ebene zerlegen

   $F_{\mathrm{A}n} = 3{,}20\,\mathrm{kN};$ $F_{\mathrm{A}t} = 0{,}16\,\mathrm{kN}$ $\Big\}$ jeweils für

   $F_{\mathrm{B}n} = 3{,}48\,\mathrm{kN};$ $F_{\mathrm{B}t} = 0{,}17\,\mathrm{kN}$ $\Big\}$ die Achse

   $a = 1{,}15\,\mathrm{m/s^2}$

7-23 rutschen: $a_{\max} = \mu \cdot g;$ kippen: $a_{\max} = \dfrac{b}{h} \cdot g$

   Der kleinere Wert gilt.

7-24 $b = \mu \cdot h = 0{,}20\,\mathrm{m}$ unabhängig von β

7-25 $a = 5{,}19\,\mathrm{m/s^2}$ $F_{\mathrm{A}} = 150\,\mathrm{N} \rightarrow$ $F_{\mathrm{B}} = 150\,\mathrm{N} \leftarrow$

7-26 Gedrehtes Koordinatensystem verwenden

$\sum M = 0$ am Hebel: $F_{Ay} = 1250\,\text{N}$

$F_{Ax} = 864\,\text{N}$ $\qquad\qquad\qquad\qquad$ $F_B = 667\,\text{N}$

$m \cdot a_t = 400\,\text{N}$ $\qquad\qquad\qquad\qquad$ $m \cdot r \cdot \omega^2 = 2020\,\text{N}$

Bewegung entgegen Uhrzeigersinn mit

$v = 4{,}02\,\text{m/s}$ $\qquad\qquad\qquad\qquad$ $a_t = 4{,}0\,\text{m/s}^2$

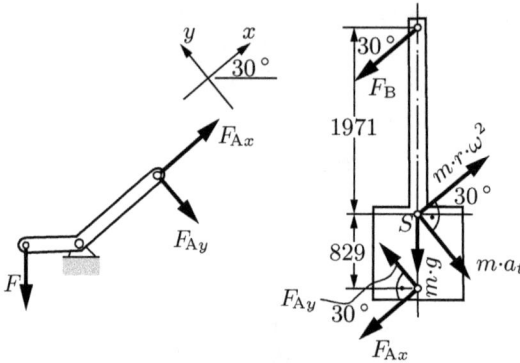

Abb. L7-26

7-27 $q = 17{,}15\,\text{kN/m}$ (einschl. Eigenmasse)

$M_{b\,\text{max}} = 3{,}1\,\text{kN m}$ in unterer Totlage in der Mitte

7-28 siehe 6-3

$\sum M = 0: \ J \cdot \alpha + S_B \cdot r_B - S_A \cdot r_A + M = 0$

$\alpha = 11{,}28\,\text{s}^{-2};$ $\qquad\qquad$ $a_A = 1{,}69\,\text{m/s}^2;$ $\qquad\qquad$ $a_B = 2{,}82\,\text{m/s}^2$

$S_A = 69{,}00\,\text{kN}$ $\qquad\qquad$ $S_B = 34{,}95\,\text{kN}$

7-29 $\alpha_I = 24{,}0\,\text{s}^{-2}$ $\qquad\qquad$ $\alpha_{II} = 6{,}0\,\text{s}^{-2}$ $\qquad\qquad$ $\alpha_{III} = 3{,}0\,\text{s}^{-2}$

I/II $F_u = 900\,\text{N}$ $\qquad\qquad$ II/III $F_u = 300\,\text{N}$

7-30 Die beiden Gleichgewichtsbedingungen mit Reibungsmoment aufstellen und voneinander subtrahieren.

$$J = \frac{m_A(g - a_A) - m_B(g - a_B)}{a_A - a_B}\,r^2$$

7-31 $J_{\text{red II}} = m \cdot r^2 \cdot \left(\dfrac{g \cdot t^2}{2h} - 1\right);$ $\qquad\qquad$ $J_{\text{red I}} = J_{\text{red II}} \cdot i^2$

7-32 Zusammenhang Schiebung und Drehung

1 Umdrehung: $h = \dfrac{a}{2}(\Delta t)^2$; $2\pi = \dfrac{\alpha}{2}(\Delta t)^2$

$$\alpha = 2\pi\,\dfrac{a}{h}$$

Reibung im Gewinde siehe Technische Mechanik 1, Abschnitt 11.7

$$M_M = m(a + g\cdot\mu)\cdot r\cdot\tan(\delta + \rho) + J\cdot 2\pi\,\dfrac{a}{h}$$

siehe 6-41

7-33 siehe 6-43

7-34 $M = \dfrac{1}{i}[m\cdot(g + a) + F_R]r\cdot\tan(\delta + \rho) + \dfrac{1}{i}J_{red}2\pi\,\dfrac{a}{h}$

siehe 6-45

7-35 $m_B\cdot g\cdot\mu - m_B\cdot a = 0 \rightarrow a \rightarrow v$

$\dfrac{m_B\cdot g}{2}\cdot\mu\cdot r - J\cdot\alpha = 0 \rightarrow \alpha \rightarrow \omega$

Gl. 2-6/4-4 nach Rutschen $v_B = r\cdot\omega$

siehe 6-47

7-36 $M_z = r\cdot m\cdot g(\sin 20° + \mu\cdot\cos 20°) + (J_{red_z} + m\cdot r^2)\dfrac{\alpha_{Mot}}{i}$

$J_{red_z} = J_z + i^2 J_{Mot}$

siehe 6-48

7-37 $\alpha_{max} = \dfrac{M_0 - m\cdot g\cdot r}{J + m\cdot r^2} = 14{,}83\,\text{s}^{-2}$; $a_{max} = 2{,}97\,\text{m/s}^2$

$S_{max} = m(g + a_{max}) = 12{,}8\,\text{kN}$

7-38 siehe 6-49

7-39 Günstiger Lösungsweg: Kräfte in
S zunächst nicht zerlegen

$\rightarrow \sum M_z = 0 \rightarrow \alpha \rightarrow J\cdot a.$

Kräfte nach Abbildung

$F_{Ax} = 13{,}3\,\text{N}$

$F_{Ay} = 1235\,\text{N}$

$F_{Bx} = 5{,}3\,\text{N}$

$F_{By} = 494\,\text{N}$

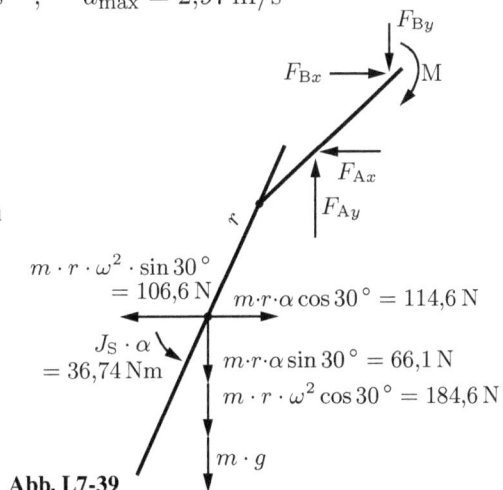

$m\cdot r\cdot\omega^2\cdot\sin 30° = 106{,}6\,\text{N}$

$m\cdot r\cdot\alpha\cos 30° = 114{,}6\,\text{N}$

$J_S\cdot\alpha = 36{,}74\,\text{Nm}$

$m\cdot r\cdot\alpha\sin 30° = 66{,}1\,\text{N}$

$m\cdot r\cdot\omega^2\cos 30° = 184{,}6\,\text{N}$

$m\cdot g$

Abb. L7-39

7-40 $\quad F_{Ay} = m \cdot g$ $\qquad\qquad\qquad\qquad$ $F_{Ax} = 0$ (Stoßmittelpunkt)

$\qquad \alpha = \dfrac{2F}{l \cdot m}$

7-41 $\quad$ Energiesatz $1-2$

$\qquad m \cdot g \cdot e(1 + \cos 45°) = J_A \cdot \dfrac{\omega^2}{2}$ $\qquad$ $\omega = 7{,}47\,\mathrm{s}^{-1}$

$\qquad \sum M_A = 0:\ \ \alpha = -11{,}56\,\mathrm{s}^{-2}$

$\qquad F_{Ay} = 1607\,\mathrm{N}$ $\qquad\qquad\qquad\qquad$ $F_{Ax} = 953\,\mathrm{N}$

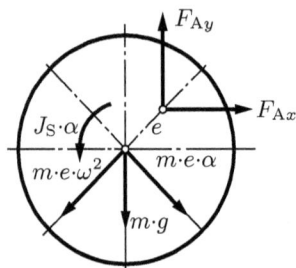

Abb. L7-41

7-42 $\quad \alpha = \dfrac{3g \cdot b}{2(h^2 + b^2)} = 11{,}77\,\mathrm{s}^{-2};$ $\qquad a_t = l_s \cdot \alpha$

$\qquad F_{Ax} = m \cdot a_{tx} = 588\,\mathrm{N} \leftarrow;$

$\qquad F_{Ay} = m(g - a_{ty}) = 785\,\mathrm{N} \uparrow$

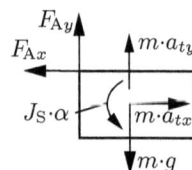

Abb. L7-42

7-43 $\quad$ Rohr: $\qquad a = \dfrac{F}{m}$ $\qquad F_u = 0$

$\qquad$ Zylinder: $\quad a = \dfrac{4F}{3m}$ $\qquad F_u = \dfrac{1}{3}\,F\,(\rightarrow)$

7-44 $\quad$ siehe 6-56

7-45 $\quad$ siehe 6-57

$\qquad$ Gesamtsystem: $\qquad\qquad F_{\mathrm{Antr}} - F_u - m_{\mathrm{ges}} \cdot a = 0$

$\qquad$ Angetriebene Achse: $\quad M - J_{\mathrm{Achse}} \cdot \alpha - F_{\mathrm{Antr}} \cdot r = 0$

$\qquad$ Mitlaufende Achse: $\qquad F_u \cdot r - J_{\mathrm{Achse}} \cdot \alpha = 0$

7-46 $\quad$ Bewegungsrichtung für Gesamtsystem
$\qquad$ annehmen.
$\qquad$ Beachten: $a_B = \dfrac{1}{2}\,a_A$

$\qquad a_B = 1{,}78\,\mathrm{m/s}^2$

$\qquad a_A = 3{,}57\,\mathrm{m/s}^2$

$\qquad$ Gl. 2-6/7 $\quad$ siehe 6-60

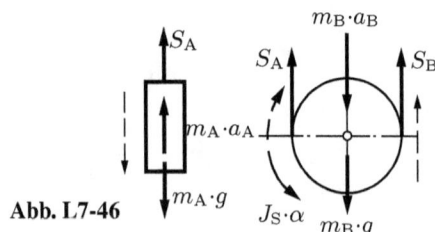

Abb. L7-46

7-47 siehe 6-61

7-48 $F_{\max} = F_A = 252\,\text{N}$
$a_{\max} = 1,51\,\text{m/s}^2$

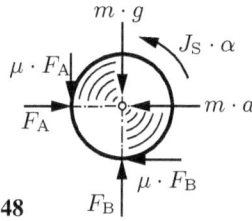

Abb. L7-48

7-49 $M = J_{xy} \cdot \omega^2 \approx 20\,\text{Nm}$
in der Ebene der Radachse, mit ω umlaufend

7-50 Umlaufendes Moment, das von Lagern aufgenommen wird
$M = J_{xy} \cdot \omega^2 = 545\,\text{Nm}$

7-51 $M = J_{\xi\,\eta} \cdot \omega^2 = 69,8\,\text{Nm}$

7-52 $\cos\delta = \dfrac{3g}{2l\omega^2}$ $\qquad\qquad \omega_{\min} = \sqrt{\dfrac{3g}{2l}}$

7-53 a) $F_A = 68,0\,\text{N} \;\rightarrow$ $\qquad\qquad F_B = 99,8\,\text{N} \;\leftarrow$
b) $F_A = 59,2\,\text{N} \;\leftarrow$ $\qquad\qquad F_B = 59,2\,\text{N} \;\rightarrow$
c) $F_A = F_B = 0$

Lösungen zu Kapitel 8

8-1 $P = m_B \cdot g \cdot v_B - m_A \cdot g \cdot v_A = 34,3\,\text{kW}$

8-2   Wagen wird mit halber Seilgeschwindigkeit gehoben

$P = m \cdot g \cdot \dfrac{v}{2}(\sin 45^\circ + \mu \cdot \cos 45^\circ)$

$P = 54,6\,\text{kW}$

8-3   a) $P = 52,6\,\text{kW}$ b) $P = \dfrac{52,6}{0,88}\,\text{kW}$

c) max. nutzbare Leistung $70\,\text{kW} \cdot 0,88 = 61,6\,\text{kW}$

Beschleunigungsleistung $61,6\,\text{kW} - 52,6\,\text{kW} = 9,0\,\text{kW}$

$a = 0,3\,\text{m/s}^2$

d) $P = F_t \cdot v = 0,6\,\text{m} \cdot g \cdot \mu \cdot v; \quad \mu \approx 0,3$

e) $\mu \approx 0,35$

8-4   mit D'ALEMBERT Kraft F im Windenseil bestimmen:

$P = F \cdot 2v$ (Seil läuft mit $2v$)

$a \approx 5,1\,\text{m/s}^2$

8-5   Für verlustfreie Bewegung und konstante Geschwindigkeiten gilt:
bis 6   Leistung an der Last = Leistung am Zugseil

Für Differentialflaschenzug 4-5

$$\frac{m \cdot g}{2} \cdot \omega \cdot R - \frac{m \cdot g}{2} \cdot \omega \cdot r = F \cdot \omega \cdot R \rightarrow F = \frac{m \cdot g}{2}\left(1 - \frac{r}{R}\right)$$

Das gleiche erhält man aus $\sum M = 0$ für Drehachse

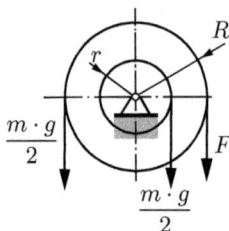

Abb. L8-6

8-7 $S \cdot s - m_A \cdot g \cdot \cos 5.7° \cdot \mu_A \cdot s - m_B \cdot g \cdot \mu_B \cdot s$

$$= \frac{1}{2}(m_A + m_B)v^2 + m_A \cdot g \cdot s \cdot \sin 5.7°$$

$s = 3.0\,\text{m}$: $v = 2.33\,\text{m/s}$ Gl. 2-9: a

siehe 6-1

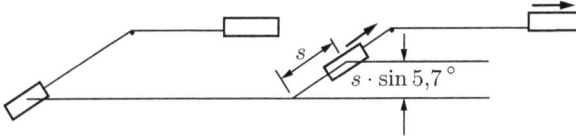

Abb. L8-7

8-8 siehe 6-2

8-9 $M \cdot \varphi = s_A \cdot m_A \cdot g - s_B \cdot m_B \cdot g + \dfrac{1}{2} m_A \cdot v_A^2 + \dfrac{1}{2} m_B \cdot v_B^2$

$s_A = 1.0\,\text{m}$: $v_A = 2.38\,\text{m/s}$ Gl. 2-9: a_A

siehe 6-3

8-10 $F_{\text{Ritzel}} \cdot s - F_{\text{Führung}} \cdot s = m_A \cdot g \cdot s - m_B \cdot g \cdot s + \dfrac{1}{2} m_{\text{ges}} \cdot v^2$

Division durch s ergibt im letzten Glied $\dfrac{v^2}{2s} = a$

$F_{\text{Ritzel}} = 6.79\,\text{kN}$ (siehe 6-4)

8-11 siehe 6-5

in den Energiesatz Gl. 2-9 einführen

8-12 siehe 6-5

8-13 $m \cdot g(h + w_{\text{dyn}}) = \dfrac{1}{2} c \cdot w_{\text{dyn}}^2$; $\dfrac{m \cdot g}{c} = w_{\text{stat}}$

$w_{\text{dyn}}^2 - 2w_{\text{st}} \cdot w_{\text{dyn}} - 2w_{\text{st}} \cdot h = 0$

$\dfrac{w_{\text{dyn}}}{w_{\text{stat}}} = \dfrac{F_{\text{dyn}}}{F_{\text{stat}}} = \dfrac{\sigma_{\text{dyn}}}{\sigma_{\text{stat}}} = 1 + \sqrt{1 + \dfrac{2h}{w_{\text{stat}}}}$

$w_{\text{stat}} = 0.911\,\text{mm}$; $\sigma_{\text{stat}} = 29\,\text{N/mm}^2$; $\sigma_{\text{dyn}} = 166\,\text{N/mm}^2$

Beachten: für $h = 0$ ist $\sigma_{\text{dyn}} = 2\sigma_{\text{stat}}$

siehe 3-30/31 in „Aufgaben zur Festigkeitslehre" von B. Assmann;
hohe Spannungszunahme bei dynamischer Belastung

8-14 Ansatz: $m \cdot g(h + \Delta l_{max}) = \dfrac{1}{2} F_{max} \cdot \Delta l_{max}$

$$F_{max} = 2 \cdot m \cdot g \, \frac{h + \Delta l_{max}}{\Delta l_{max}} = 11,9\,\text{kN}$$

$$a_{max} = g - \frac{F_{max}}{m} = -160\,\text{m/s}^2 = -16,3 \cdot g$$

8-15 $h = 3,7\,\text{mm}$ Hohe Spannung bei stoßartiger Belastung

8-16 $\dfrac{m}{2} v^2 + m \cdot g(s - s_0) = \dfrac{c}{2}(s^2 - s_0^2)$

$$c = m\left(\frac{g}{v}\right)^2 \left(k - 1\right)^2 = 150\,\text{N/mm}$$

8-17 $v = 1,37\,\text{m/s}$

8-18 Schwingungsvorgang, vergl. Kap. 9
a) $a_4 = 5,0\,\text{m/s}^2$ $a_2 = 2,5\,\text{m/s}^2$ $a_0 = 0$
b) $W = 1,20\,\text{Nm}$ c) $v = 0,477\,\text{m/s}$

8-19 1. $\dfrac{1}{2} F_{max} \cdot s = \dfrac{1}{2} mv^2$ $F_{max} \approx 257\,\text{kN}$

2. $\dfrac{1}{2} F_{max} \cdot \Delta t = m \cdot v$ $\Delta t \approx 0,86\,\text{s}$

$a_m = 161\,\text{m/s}^2$ $a_{max} = 321\,\text{m/s}^2$

8-20 Nach dem Stoß $v = 3,25\,\text{m/s}$
Notwendiger Bremsweg $12,1\,\text{m}$
Aufprallgeschwindigkeit $1,9\,\text{m/s}$

8-21 a) $M = 0$ $D = \text{konst.}$
$v_2 = 2v_1$ $\omega_2 = 4\omega_1$ $E_2 = 4E_1$
b) $M \neq 0$ $E = \text{konst.}$
$v_2 = v_1$ $\omega_2 = 2\omega_1$ $D_2 = 0,5D_1$

8-22 $\eta = \dfrac{S \cdot u}{S \cdot u + (\dot{m}/2)(v - u)^2}$ mit $S = \dot{m}(v - u)$
$\eta = 1$ für $v = u$, dabei jedoch $S = 0$.
η um so höher, je kleiner $(v - u)$ ist.

8-23 in Gl. 8-16 alle Glieder $= 0$, bis auf $\Delta p_p = \dfrac{\varrho}{2} v_2^2$

Leistung $P = \dot{V} \cdot \Delta p_p = 1885 \, \text{kW}$

8-24 $\quad c_3^2/2g = H \qquad\qquad\qquad c_2^2/2g + h = H$

$c_2 A_2 = c_3 A_3$

$h = H \left[1 - \left(\dfrac{d_3}{d_2} \right)^4 \right]$

8-25 a) $M = \dfrac{\pi \cdot J \cdot n_1^2}{z_1} = 589 \, \text{Nm}$

b) $t_1 = \dfrac{2z_1}{n_1} = 20{,}0 \, \text{s}$

c) $P_{\max} = \dfrac{2J \cdot \pi^2 n_1^3}{z_1} = 92{,}5 \, \text{kW}$

d) $P = J \dfrac{\pi^2 n_1^4}{z_1^2} \cdot t \quad$ für $0 < t < t_1$ linearer Verlauf

8-26 siehe 7-28

8-27 siehe 6-43

8-28 Heben: $M_{\text{H}} \cdot \varphi \cdot \eta = F_{\text{R}} \cdot s + m \cdot g \cdot s + \dfrac{m}{2} v^2$

siehe Lehrbuch Technische Mechanik 1, Kap. 11 $\quad \eta = \dfrac{\tan \delta}{\tan(\delta + \rho)}$

Drehen: $M_{\text{D}} \cdot \varphi = \dfrac{1}{2} J_{\text{red Spindel}} \cdot \omega_{\text{sp}}^2$

$M_{\text{Spindel}} = M_{\text{H}} + M_{\text{D}} = i \cdot M_{\text{Mot}}$

$M_{\text{Mot}} = \dfrac{1}{i} \cdot \dfrac{1}{2\pi} \cdot \dfrac{h}{s} \left(F_{\text{R}} \cdot s + m \cdot g \cdot s + \dfrac{m}{2} v^2 \right) \cdot \dfrac{1}{\eta}$

$\qquad\quad + \dfrac{1}{i} \cdot \dfrac{1}{2\pi} \cdot \dfrac{h}{s} \cdot \dfrac{J_{\text{red sp}}}{2} \left(2\pi \cdot \dfrac{v}{h} \right)^2$

aus kinematischen Beziehungen

$s = 0{,}625 \, \text{mm}; \quad t = 0{,}025 \, \text{s}$ für $a = 2{,}0 \, \text{m/s}^2$

siehe 6-45 und 7-34

8-29 Index $z = $ Zahnradwelle

$M_z \cdot \varphi_z - s \cdot m \cdot g \cdot \cos \delta \cdot \mu = \dfrac{1}{2} J_{\text{red } z} \cdot \omega_z^2 + \dfrac{m}{2} v^2 + m \cdot g \cdot s \cdot \sin \delta$

Gl. 2-9 einführen

siehe 6-48 und 7-36

8-30   vor Stoß $\omega_1 = \sqrt{\dfrac{3g}{l}}$ nach Stoß $\omega_2 = k \cdot \omega_1$

$$h_2 = \frac{1}{2} k^2 = 0{,}294\,\text{m}$$

$$W = m \cdot g \,\frac{1}{2}(1 - k^2) = 30\,\text{J}$$

8-31   nach dem Stoß $v = 1{,}04\,\text{m/s}$
   $F \approx 11\,\text{kN}$ $W = 43{,}3\,\text{J}$

8-32   a) $W = m\left(\dfrac{v^2}{2} + g \cdot h\right) = 2860\,\text{Nm}$

b) $\varphi = \dfrac{s}{r}$; $W = M \cdot \dfrac{s}{r} \Rightarrow M = W\dfrac{r}{s} = 286\,\text{Nm}$

c) $P_{\max} = M \cdot \omega_0 = M\,\dfrac{v_0}{r} = 4{,}29\,\text{kW}$ bei einsetzender Bremsung linear in $t = 1{,}33\,\text{s}$ auf Null abnehmend

8-33 $W = \dfrac{J_A \cdot J_B}{2(J_A + J_B)}(\omega_A - \omega_B)^2$

8-34   siehe 6-56

8-35   Kein Arbeitsanteil durch F_u (s. Lehrbuch, Beispiel 3/Abschn. 8.6.3)

$$F_{\text{Antr}} \cdot s = \frac{1}{2} m_{\text{ges}} \cdot v^2 + 4 \cdot \frac{1}{2} J_{\text{Sch}} \cdot \omega^2$$

$$F_{\text{Antr}} \cdot s = i \cdot M_{\text{Mot}} \cdot \varphi$$

Gl. 2-9 einführen

$$a = \frac{i \cdot M_{\text{Mot}}}{r(m_{\text{ges}} + 2m_s)} = 0{,}454\,\text{m/s}^2$$

siehe 6-57 und 7-45

8-36   Für die Bestimmung von a kann man vom Ruhezustand ausgehen.

$$0 = -m_A \cdot g \cdot s_A + m_B \cdot g \cdot s_B + \frac{1}{2} m_A \cdot v_A^2 + \frac{1}{2} m_B \cdot v_B^2 + \frac{1}{2} J \cdot \omega^2$$

Bedingungen für lose Rolle beachten, Gl. 2-9 einführen

$a_A = 3{,}57\,\text{m/s}^2$

siehe 6-60 und 7-46

8-37 $W = \dfrac{m}{2} v_1^2 - \dfrac{1}{2} J_A \cdot \omega_2^2$

$$W = \frac{2}{7} m \cdot v_1^2$$

8-38 Drehimpulssatz um I $(m \cdot g \ll F_x$ bzw. $F_y)$

$$\omega_2 = \frac{3}{2} \cdot \frac{v_1 \cdot h}{d^2}; \quad v_2 = \frac{3}{4} \cdot \frac{v_1 \cdot h}{d}; \quad d = \text{Diagonale}$$

Energiesatz

$$\frac{1}{2} J_1 \omega_2^2 = m \cdot g \left(\frac{d}{2} - \frac{h}{2} \right)$$

$$v_{\min} = 9{,}0 \, \text{m/s}$$

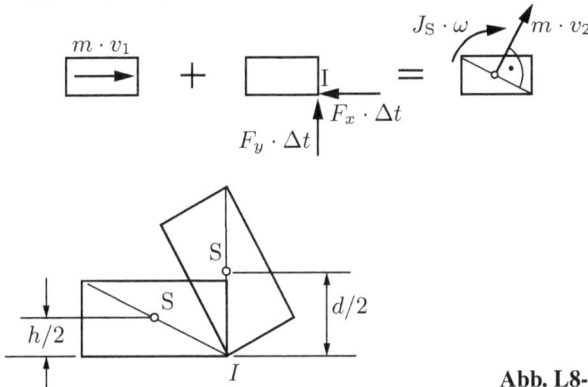

Abb. L8-38

8-39 a) $h = 0{,}91 \dfrac{v_0^2}{g}$ \qquad b) $E = 0{,}090 m \cdot v_0^2$ \qquad c) $F_m = \dfrac{E}{4s} = 1{,}62 \, \text{kN}$

8-40 $v_{A2} = \dfrac{e}{l} \sqrt{3g(e - f)}; \quad v_{B2} = \dfrac{f}{l} \sqrt{3g(e - f)}$

8-41 Aus Energiesatz $\omega^2 = \dfrac{2gx}{\frac{l^2}{12} + x^2}$

Daraus $2\omega \dfrac{\text{d}\omega}{\text{d}x} = \dots$

Auf Hauptnenner bringen, Zähler $= 0$

$$x = \frac{l}{\sqrt{12}}$$

8-42 a) auch Scheibe dreht sich mit ω \qquad $\omega = \sqrt{\dfrac{120g}{31l}}$

b) Scheibe ohne Drehung \qquad $\omega = \sqrt{\dfrac{30g}{7l}}$

8-43 Flüssigkeit hat keinen Rotationsanteil

$$E_{\text{pot}\,1} = E_{\text{kin}\,2} \quad \frac{v^2}{2s} = a \text{ einführen}$$

Mit Gl. 2-7

$$\frac{t_{\text{voll}}}{t_{\text{leer}}} = \sqrt{\frac{a_{\text{leer}}}{a_{\text{voll}}}} < 1$$

Volle Flasche eher unten.

Lösungen zu Kapitel 9

9-1 $\omega_0 = 10{,}95\,\mathrm{s}^{-1}$ $\hspace{4cm}$ $T = 0{,}57\,\mathrm{s}$

ω_0 unabhängig von Vorspannung, deshalb schiefe Ebene ohne Einfluss

9-2 $\omega_A = \omega_B$ $\hspace{4cm}$ $c_A = c_B\,\dfrac{m_A}{m_B}$

$c = $ Ersatzfeder für c_A und c_B

$$\omega_0 = \sqrt{\frac{c(m_A + m_B)}{m_A \cdot m_B}}$$

$\boxed{m_A}\!\!\!-\!\!\!\text{WWW}_{c_A}$ $\hspace{2cm}$ $\text{WWW}_{c_B}\!\!\!-\!\!\!\boxed{m_B}$

Abb. L9-2

9-3   Gl. 9-2/8/9:

$$F_{\max} = m \cdot A \cdot \omega_0^2 = m \cdot v_{\max} \cdot \sqrt{\frac{c}{m}}$$

Überlast $F_{\max} = (k-1) \cdot m \cdot g = v_{\max} \cdot \sqrt{c \cdot m}$

Beim Blockieren setzt eine Schwingung von der statischen Ruhelage aus ein, deshalb $v_{\max} = v$

$$c = m \left(\frac{g}{v}\right)^2 \cdot (k-1)^2$$

9-4 $m\ddot{x} + F_{S_0} \cdot \sin\varphi = 0$

$x \approx l \cdot \varphi$ $\hspace{4cm}$ $\ddot{x} = l \cdot \ddot{\varphi}$

$\sin\varphi \approx \varphi$

$\ddot{\varphi} + \dfrac{F_{S_0}}{m \cdot l} \cdot \varphi = 0$ $\hspace{3cm}$ $\omega_0 = \sqrt{\dfrac{F_{S_0}}{m \cdot l}}$

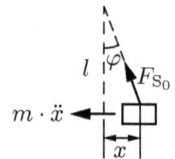

Abb. L9-4

9-5   Mit $c_b = 2 \cdot \dfrac{192 \cdot E \cdot I_x}{l^3} = 7{,}281 \cdot 10^6\,\mathrm{N/m}$

(siehe Lehrbuch Technische Mechanik 2, Tabelle 11),

$c_{ges} = \omega_0^2 \cdot m = (2 \cdot \pi \cdot f_0)^2 \cdot m = 5{,}685 \cdot 10^4\,\mathrm{N/m}$

wird $c_{ges} = 2 \cdot \dfrac{c_s \cdot c_b}{c_s + c_b}$ umgestellt nach: $c_s = \dfrac{c_{ges} \cdot c_b}{2 \cdot c_b - c_{ges}} = 2{,}854 \cdot 10^4\,\mathrm{N/m}$.

9-6   Ansatz $n_1 = \dfrac{1}{2\pi}\sqrt{\dfrac{c_W}{m}}$, $\quad n_2 = \dfrac{1}{2\pi}\sqrt{\dfrac{c_e}{m}}$ $\quad$ mit $\dfrac{1}{c_e} = \dfrac{1}{c_W} + \dfrac{1}{2c}$

Aus beiden Gleichungen

$$m = \frac{c}{2\pi^2 \cdot n_1^2}\left[\left(\frac{n_1}{n_2}\right)^2 - 1\right] = 58{,}36\,\mathrm{kg}$$

$$c_W = 2c\left[\left(\frac{n_1}{n_2}\right)^2 - 1\right] = 1{,}44 \cdot 10^6\,\mathrm{N/m}$$

9-7 Masse m wird translatorisch bewegt (Schiebung), deshalb kann man sich m im Befestigungspunkt der Feder vereinigt denken.

$\epsilon = 20°$ $\qquad \Delta l = x \cdot \cos \epsilon$

$m \cdot \ddot{x} + c \cdot \Delta l \cdot \cos \epsilon = 0$

$f_0 = \dfrac{\cos \epsilon}{2\pi} \sqrt{\dfrac{c}{m}} = 12,21\,\mathrm{s}^{-1}$

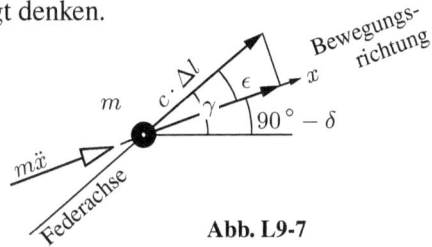

Abb. L9-7

9-8 $\qquad m_\mathrm{A} = \dfrac{m_\mathrm{B}}{\left(\dfrac{f_{01}}{f_{02}}\right)^2 - 1}$ $\qquad\qquad\qquad c = m_\mathrm{A}(2 \cdot \pi \cdot f_{01})^2$

9-9 $\qquad\qquad\qquad\qquad$ Pendel $\qquad\qquad\qquad\qquad$ c-m-System

Beschleunigt $\quad \omega_0 = \sqrt{\dfrac{g + a}{l}}$ $\qquad\qquad \omega_0 = \sqrt{\dfrac{c}{m}}$

Verzögert $\qquad \omega_0 = \sqrt{\dfrac{g - a}{l}}$ $\qquad\qquad$ Vorspannung der Feder ohne Einfluss auf Eigenfrequenz

9-10 $\quad v_\mathrm{max} = 0,273\,\mathrm{m/s}$ $\qquad\qquad\qquad a_\mathrm{max} = 0,856\,\mathrm{m/s}^2$

9-11 a) System freischneiden

Momentengleichung um den Drehpunkt:

$$\ddot{\varphi} + \frac{(m_z \cdot l + m \cdot L) \cdot g}{m_z \cdot l^2 + m \cdot L^2} \cdot \varphi = 0$$

b) der Vergleich der Eigenfrequenzen mit und ohne Zusatzmasse:

$$\omega_{0z} = \sqrt{\frac{m_z \cdot l + m \cdot L}{m_z \cdot l^2 + m \cdot L^2} \cdot g} \qquad\qquad \omega_0 = \sqrt{\frac{g}{L}}$$

liefert

$$\frac{m_z \cdot l + m \cdot L}{L \cdot \left(m_z \cdot \frac{l^2}{L} + m \cdot L\right)} \lessgtr \frac{1}{L} \qquad \text{oder} \qquad \frac{m_z \cdot l + m \cdot L}{\frac{l}{L} \cdot m_z \cdot l + m \cdot L} \lessgtr 1$$

Das heißt:

– Zusatzmasse zwischen Drehpunkt und Masse: Pendel schwingt schneller
– Zusatzmasse außerhalb (auf der Pendelachse): Pendel schwingt langsamer
– Zusatzmasse auf der Masse: kein Einfluss.

9-12 In der statischen Ruhelage verursacht die Gewichtskraft keine Vorspannung der Federn. Aus diesem Grund muss im freigemachten System die Gewichtskraft eingeführt werden. Da die Bühne eine Schiebung beschreibt, kann m in einem Punkt vereinigt gedacht werden

$$m \cdot l^2 \cdot \ddot{\varphi} + 2 \cdot c \cdot l^2 \cdot \varphi - m \cdot g \cdot l \cdot \varphi = 0$$

$$\omega_0 = \sqrt{\frac{2 \cdot c}{m} - \frac{g}{l}} \qquad\qquad c_{min} = \frac{m \cdot g}{2 \cdot l}$$

9-13 Für kleine Ausschläge und lange Feder gilt:

$$\sin\varphi \approx \tan\varphi \approx \varphi$$

a) $\sum M_A = 0$: $\ddot{\varphi} + \dfrac{2 \cdot c \cdot r^2 + m \cdot g \cdot l_S}{J_A} \cdot \varphi = 0$

und analog:

b) $\ddot{\varphi} + \dfrac{2 \cdot c \cdot r^2 - m \cdot g \cdot l_S}{J_A} \cdot \varphi = 0$

c) $\ddot{\varphi} + \dfrac{2 \cdot c \cdot r^2}{J_A} \cdot \varphi = 0$

Mit den vorgegebenen Werten wird:

$m = 0{,}402\,\text{kg}$, $J_A = 1{,}17 \cdot 10^{-3}\,\text{kg}\,\text{m}^2$ und damit:

a) $\omega_0 = \sqrt{\dfrac{2 \cdot c \cdot r^2 + m \cdot g \cdot l_S}{J_A}} = 33{,}9\,\text{s}^{-1}$

b) $\omega_0 = 30{,}0\,\text{s}^{-1}$

c) $\omega_0 = 32{,}0\,\text{s}^{-1}$

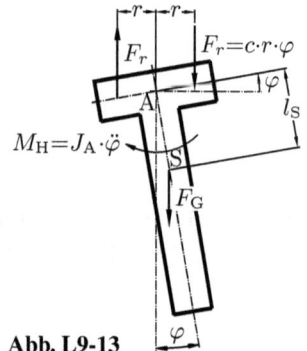

Abb. L9-13

9-14 Statisches Gleichgewicht:

$$c_1 \cdot \Delta l_1 \cdot R + c_2 \cdot \Delta l_2 \cdot r - m \cdot g \cdot R = 0$$

ausgelenkt:

$$J_A \cdot \ddot{\varphi} + c_1 \cdot R^2 \cdot \varphi + c_2 \cdot r^2 \cdot \varphi + c_1 \cdot \Delta l_1 \cdot R + c_2 \cdot \Delta l_2 \cdot r - m \cdot g \cdot R = 0$$

$$\ddot{\varphi} + \frac{c_1 \cdot R^2 + c_2 \cdot r^2}{J_A + m \cdot R^2} \cdot \varphi = 0$$

$$T_0 = \frac{2\pi}{\omega_0} = 2\pi\sqrt{\frac{J_A + m \cdot R^2}{c_1 \cdot R^2 + c_2 \cdot r^2}} = 3{,}38\,\text{s}$$

9-15 $F_F = c \cdot \dfrac{l}{2} \cdot \sin \alpha \cdot \varphi$ $\qquad\qquad\qquad\qquad$ $F_{Fy} = c \cdot \dfrac{l}{2} \cdot \sin^2 \alpha \cdot \varphi$

Momentengleichung um A: $m \cdot l^2 \cdot \ddot{\varphi} + c \cdot \dfrac{l^2}{4} \cdot \sin^2 \alpha \cdot \varphi = 0$

$\ddot{\varphi} + \dfrac{c}{4 \cdot m} \cdot \sin^2 \alpha \cdot \varphi = 0$

$\omega_0 = \sqrt{\dfrac{c}{4 \cdot m} \cdot \sin^2 \alpha} = 35{,}4 \,\text{rad/s}$ $\qquad$ $v_{\max} = A \cdot \omega = 0{,}35 \,\text{m/s}$

$a_{\max} = A \cdot \omega^2 = 12{,}5 \,\text{m/s}^2$

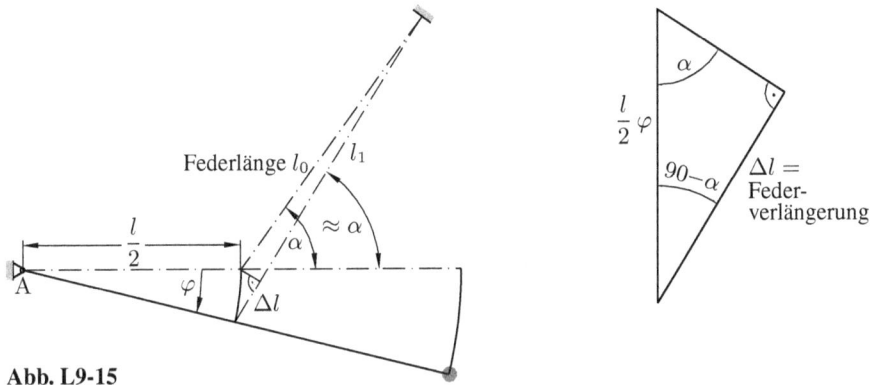

Abb. L9-15

9-16 $\sum M_M = 0;$ $\quad \ddot{\varphi} + \dfrac{12 \cdot c \cdot b^2}{m \cdot l^2} \cdot \varphi = 0;$ $\quad \omega_0 = \sqrt{\dfrac{12}{5}\dfrac{c}{m}}$

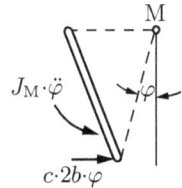

Abb. L9-16

9-17   Nach Abb. L 9-17/1:

$\sum F_x = 0:$ $\quad F_H + F_F + F_R = 0$

$\sum F_y = 0:$ $\quad F_N - F_{GW} = 0$

$\sum M_D = 0:$ $\quad F_H \cdot r + F_F \cdot r + J_S \cdot \ddot{\varphi} = 0$

Die Walze rollt ohne zu gleiten: $x = r \cdot \varphi;$ $\dot{x} = r \cdot \dot{\varphi};$ $\ddot{x} = r \cdot \ddot{\varphi},$

mit $F_R = -F_H - F_F = -m_W \cdot \ddot{x} - c \cdot x = -m_W \cdot \left(-\dfrac{2 \cdot c}{3 \cdot m_W} \right) \cdot x - c \cdot x = -\dfrac{1}{3} c \cdot x.$

mit: $F_F = c \cdot x$ $\quad F_H = m_W \cdot \ddot{x}$ $\quad M_H = J_S \cdot \ddot{\varphi}$ $\quad J_S = \dfrac{1}{2} m_W \cdot r^2$ $\quad \ddot{x} = r \cdot \ddot{\varphi}$

wird $\ddot{x} + \dfrac{2 \cdot c}{3 \cdot m_W} \cdot x = 0$ $\qquad \omega_0 = \sqrt{\dfrac{2 \cdot c}{3 \cdot m_W}} = 5{,}79 \,\text{s}^{-1}$

Für die ungedämpfte Schwingung kann der Zeitpunkt $t = 0$ beliebig gewählt werden.

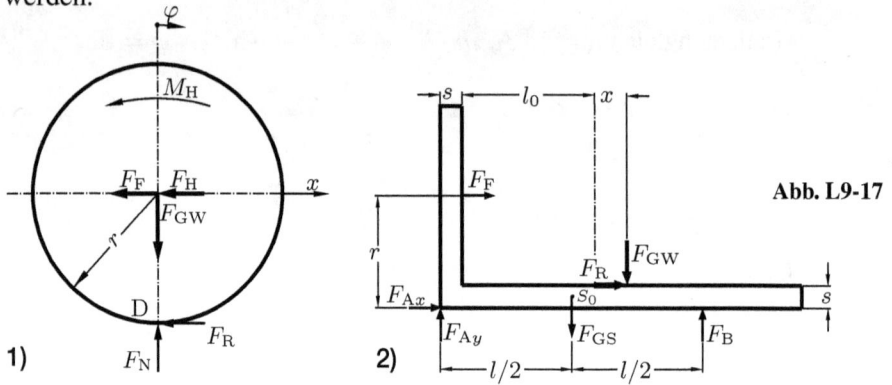

Abb. L9-17

Nach Abb. L 9-17/2:

$$\sum F_x = 0: \quad F_{Ax} + F_F + F_R = 0$$

$$\sum M_B = 0: \quad -F_{Ay} \cdot l + F_{GS} \cdot \frac{l}{2} + F_{GW}[l - (l_0 + s + x)] - F_R \cdot s - F_F(r + s) = 0$$

$$\sum M_A = 0: \quad F_B \cdot l - F_{GS} \cdot \frac{l}{2} - F_{GW}(l_0 + s + x) - F_R \cdot s - F_F(r + s) = 0$$

wird:

$$F_{Ax} = -\frac{2}{3} \cdot c \cdot x$$

$$F_{Ay} = \frac{F_{GS}}{2} + \left(1 - \frac{l_0 + s}{l}\right) \cdot F_{GW} - \frac{x}{l}\left[F_{GW} + c\left(\frac{2}{3} \cdot s + r\right)\right]$$

$$F_B = \frac{F_{GS}}{2} + \frac{l_0 + s}{l} \cdot F_{GW} + \frac{x}{l}\left[F_{GW} + c\left(\frac{2}{3} \cdot s + r\right)\right]$$

für $x = +A$: $F_B = 387\,\text{N}$ $F_{Ay} = 152\,\text{N}$ $F_{Ax} = -42\,\text{N}$
$x = -A$: $F_B = 259\,\text{N}$ $F_{Ay} = 280\,\text{N}$ $F_{Ax} = 42\,\text{N}$

Der Maximalbetrag im Lager A tritt bei $x = -A$, also für den linken Umkehrpunkt mit

$$F_A = \sqrt{F_{Ax}^2 + F_{Ay}^2} = 283\,\text{N auf.}$$

Der Maximalbetrag im Lager B tritt im rechten Umkehrpunkt mit $F_B = 369\,\text{N}$ auf.

Statische Belastung: $F_A = 216\,\text{N},$ $\qquad F_B = 323\,\text{N}.$

Die dynamische Belastung ist im Lager A um 31% und im Lager B um 20% größer als die statische.

9-18   a) Schwingung um stat. Ruhelage $A = \dfrac{F_G \cdot \sin\gamma}{c} = 49\,\text{mm}$

b) Momente für I

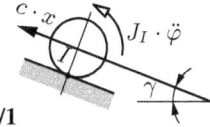

Abb. L9-18/1

$$J_I \cdot \ddot{\varphi} + c \cdot x \cdot r = 0 \qquad r\ddot{\varphi} = \ddot{x}$$

$$\omega_0 = \sqrt{\dfrac{2 \cdot c}{3 \cdot m}} = 8{,}17\,\text{s}^{-1}$$

c) Gl. 9-8/9: $v_{\max} = 0{,}40\,\text{m/s}$

$$a_{\max} = 3{,}27\,\text{m/s}^2$$

d) $\mu_{\min} = 0{,}19$

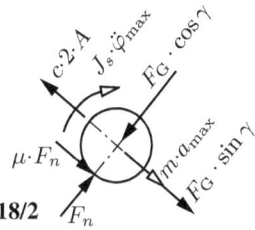

Abb. L9-18/2

9-19 $\sum M_D = 0$ ergibt Differentialgleichung der Schwingung
(Moment von $m \cdot a_n \to 0$).
Vergleich mit Grundform führt auf

$$\omega_0 = \sqrt{\dfrac{c}{\frac{7}{3}\,m_A + 9\,m_B}} = 61{,}24\,\text{s}^{-1}$$

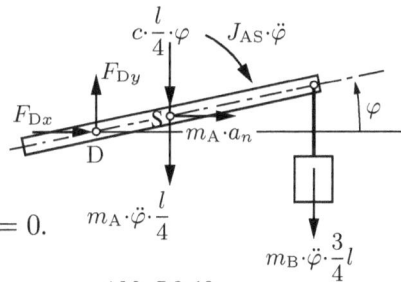

Für den Totpunkt $(\varphi = \varphi_A)$ gilt
$\ddot{\varphi} = \ddot{\varphi}_{\max} = -\varphi_A \cdot \omega_0^2$ und $a_n = \omega_0^2 \cdot l/4 = 0$.

Mit diesen Bedingungen führt

Abb. L9-19

$$\sum F_y = 0 \quad \text{auf} \quad F_{Dy} = 75{,}0\,\text{N},$$
$$\sum F_x = 0 \quad \text{auf} \quad F_{Dx} = 0.$$

9-20 $J_A = 0{,}936\,\text{kgm}^2\,;\quad c_{t1} = 8{,}120 \cdot 10^4\,\text{N m}\,;\quad c_{t2} = 1{,}239 \cdot 10^5\,\text{N m}$

a) Parallelschaltung $c_{ges} = c_{t1} + c_{t2} = 2{,}051 \cdot 10^5\,\text{N m}$

b) Reihenschaltung $c_{ers} = \dfrac{c_{t1} \cdot c_{t2}}{c_{t1} + c_{t2}} = 4{,}905 \cdot 10^4\,\text{N m}$

mit $\omega_0 = \sqrt{\dfrac{c_t}{J_A}}$ werden: $\omega_{0a} = 467\,\text{s}^{-1}$ $\omega_{0b} = 228\,\text{s}^{-1}$

und damit $T_0 = \dfrac{2\pi}{\omega_0}$: $T_{0a} = 0{,}013\,\text{s}$ $T_{0b} = 0{,}028\,\text{s}$

Die Parallelschaltung ist ca. vierfach härter; das führt zu ca. doppelt so großer
Eigenkreisfrequenz.

9-21 $J_B = J_A \left[\left(\dfrac{\omega_A}{\omega_B} \right)^2 - 1 \right]$

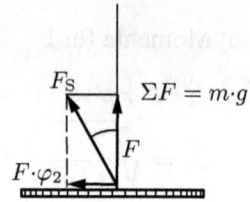

9-22 $J_S \cdot \ddot{\varphi}_1 + m \cdot g \cdot \varphi_2 \cdot r = 0$

$\omega_0^2 = \dfrac{m \cdot g \cdot r^2}{J_S \cdot l}$

$J_S = \dfrac{T^2 \cdot m \cdot g \cdot r^2}{4\pi^2 \cdot l}$

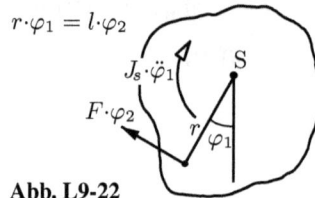

9-23 $J_A = \dfrac{m_B \cdot r^2}{\left(\dfrac{f_{01}}{f_{02}} \right)^2 - 1}$

Abb. L9-22

9-24   System freimachen

$J_S \cdot \ddot{\varphi} + m \cdot r^2 \cdot \ddot{\varphi} + m \cdot g \cdot r \cdot \varphi = 0$

$J_S = 86{,}85 \ \text{kg m}^2$

9-25   Torsionsfederkonstanten

$c_{AB} = 1{,}227 \cdot 10^5 \ \text{Nm}, \quad c_{CD} = 1{,}249 \cdot 10^5 \ \text{Nm}$ (Hintereinanderschaltung)

Übertragung auf Bildwelle (Ersatzsystem)

$c_2 = c_B \left(\dfrac{r_B}{r_C} \right)^2 = 1{,}124 \cdot 10^6 \ \text{Nm}$

$\dfrac{1}{c_e} = \left(\dfrac{1}{c_{AB}} + \dfrac{1}{c_2} \right)$

$f_0 = 74{,}56 \ \text{s}^{-1}$

9-26   Aus DE $F_D = \dfrac{4 \cdot J_S \cdot \ddot{\varphi}}{l}$

Aus BD $J_B \cdot \ddot{\varphi} + F_D \cdot l + m \cdot g \cdot \dfrac{l}{2} \cdot \varphi = 0$

$\omega_0 = \dfrac{1}{2} \sqrt{\dfrac{3g}{l}} = 2{,}71 \ \text{s}^{-1}$

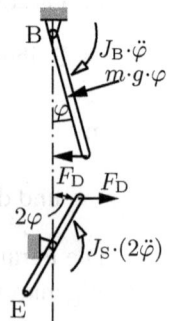

Abb. L9-26

9-27 $\quad c \;=\; \dfrac{F}{f} = 5\cdot 10^7\,\text{N/m};\quad \Lambda \;=\; \ln\dfrac{A_1}{A_2} = \ln\dfrac{1}{0{,}8} = 0{,}223;$

$\delta \;=\; \dfrac{\Lambda}{T_d} = 1{,}06\,\text{s}^{-1}$

$\omega_d = \dfrac{2\pi}{T_d} = 29{,}92\,\text{s}^{-1} \qquad \omega_0 = \sqrt{\omega_d^2 + \delta^2} = 29{,}94\,\text{s}^{-1}$

$\vartheta \;=\; \dfrac{\delta}{\omega_0} = 0{,}035 \qquad\quad b \;=\; 2\cdot\delta\cdot\dfrac{c}{\omega_0^2} = 118549\,\text{kg/s}$

9-28 $\quad \dfrac{A_0}{A_{10}} = \dfrac{A_0}{A_1}\cdot\dfrac{A_1}{A_2}\cdots\dfrac{A_4}{A_5} = e^{5\Lambda} = 6{,}0$

$\Lambda = \dfrac{\ln 6}{5} = 0{,}358$

$\Lambda = \dfrac{2\cdot\pi\cdot\vartheta}{\sqrt{1-\vartheta^2}} \quad\Longrightarrow\quad \vartheta = \dfrac{\Lambda}{\sqrt{4\cdot\pi^2 - \Lambda^2}} = 0{,}066$

9-29 $\quad$ Verlängerung der Feder $\Delta l = 2\cdot r\cdot\varphi\cdot\cos\gamma$

$\qquad$ Moment der Federkraft $M_F = c\cdot\Delta l^2 \cos^2\gamma$

$\qquad J_A\cdot\ddot\varphi + b\cdot r^2\cdot\dot\varphi + (2r)^2\cdot c\cdot\cos^2\gamma\cdot\varphi = 0$

$\qquad J_A = \dfrac{5}{4}\cdot m\cdot r^2 = 20{,}00\,\text{kg m}^2$

$\qquad c_D = c\cdot r^2 = 2{,}4\cdot 10^4\,\text{Nm} \qquad\qquad \omega_0 = \sqrt{\dfrac{c_D}{J_A}} = 34{,}64\,\text{s}^{-1}$

$\qquad \delta = \dfrac{b\cdot r^2}{2\cdot J_A} = 8{,}00\,\text{s}^{-1} \qquad\qquad \omega_d = \sqrt{\omega_0^2 - \delta^2} = 33{,}71\,\text{s}^{-1}$

$\qquad \vartheta = \dfrac{\delta}{\omega_0} = 0{,}231 \qquad\qquad\qquad \Lambda = \dfrac{2\cdot\pi\cdot\vartheta}{\sqrt{1-\vartheta^2}} = 1{,}491$

$\qquad A_1 = A_0\cdot e^{-\Lambda} = 1{,}125\,\text{mm}$

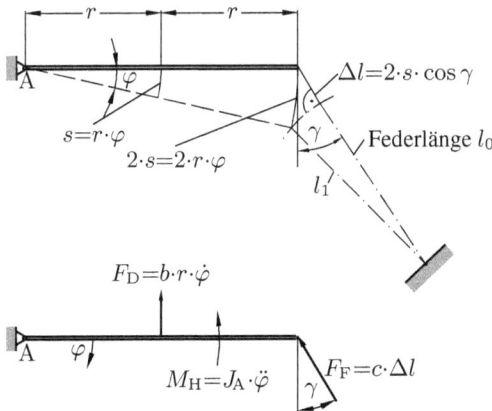

Abb. L9-29

9-30 Senkrechte Komponente der Dämpferkraft $F_{Dy} = b \cdot l \cdot \dot{\varphi} \cdot \cos^2 \gamma$

$J_A \cdot \ddot{\varphi} + b \cdot \cos^2 \gamma \cdot l^2 \cdot \dot{\varphi} + 2 \cdot c \cdot e^2 \cdot \varphi = 0$

Vergleich mit Gl. 9-31. Kritische Dämpfung $\vartheta = 1$

$b = 4820 \, \dfrac{N}{m/s}$

9-31 $\ddot{\varphi} + \dfrac{b \cdot l_b^2}{J_A} \cdot \dot{\varphi} + \dfrac{c \cdot l_c^2}{J_A} \cdot \varphi = 0$

Lösung der Differentialgleichung:

$\varphi = e^{-\delta t}[A \cdot \cos(\omega_d t) + B \cdot \sin(\omega_d t)]$

$\dot{\varphi} = -\delta \cdot e^{-\delta t}[A \cdot \cos(\omega_d t) + B \cdot \sin(\omega_d t)]$
$\qquad + e^{-\delta t}[-A \cdot \omega_d \cdot \sin(\omega_d t) + B \cdot \omega_d \cdot \cos(\omega_d t)]$

eingesetzt: $A = \varphi_0$; $B = \dfrac{\dot{\varphi}_0 + \delta \cdot \varphi_0}{\omega_d}$

$\varphi = e^{-\delta t}\left[\varphi_0 \cdot \cos(\omega_d t) + \dfrac{\dot{\varphi}_0 + \delta \cdot \varphi_0}{\omega_d} \cdot \sin(\omega_d t)\right]$

$\omega_0 = \sqrt{\dfrac{c \cdot l_c^2}{J_A}} = 37{,}95 \, \text{s}^{-1}$

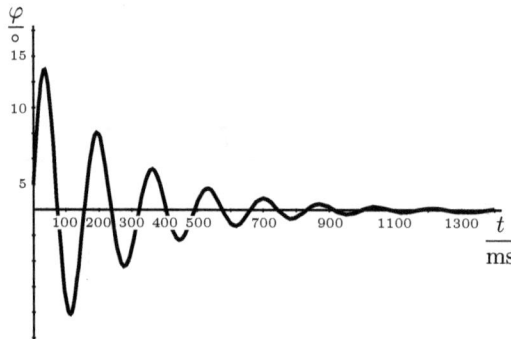

Abb. L9-31

$\delta = \dfrac{b}{2 \cdot m_{red}} = \dfrac{b \cdot l_b^2}{2 \cdot J_A} = 3{,}75 \, \text{s}^{-1}$

$\omega_d = \sqrt{\omega_0^2 - \delta^2} = 37{,}76 \, \text{s}^{-1}; \qquad T_d = \dfrac{2\pi}{\omega_d} = 0{,}17 \, \text{s}$

φ wird maximal bei $\dot{\varphi} = 0$. Gleichung lässt sich nach t auflösen:

$0 = e^{-\delta t}[\cos(\omega_d t)(-\delta \cdot A + \omega_d \cdot B) + \sin(\omega_d t)(-\delta \cdot B - \omega_d \cdot A)]$.

Da $e^{-\delta t} \neq 0$ gilt, wird:

$$\frac{\sin(\omega_d t)}{\cos(\omega_d t)} = \tan(\omega_d t) = \frac{\omega_d \cdot B - \delta \cdot A}{\omega_d \cdot A + \delta \cdot B}$$

$$t = \arctan\left(\frac{\omega_d \cdot B - \delta \cdot A}{\omega_d \cdot A + \delta \cdot B}\right)\Big/ \omega_d = 0,0347\,\text{s}$$

$$\varphi(t = 0,0347\,\text{s}) = 13,65^\circ = \varphi_{\max}.$$

Dämpfereinstellung für den aperiodischen Grenzfall:

$$\delta = \omega_0\text{:}\ b = \frac{2 \cdot J_A \cdot \omega_0}{l_b^2} = 1518\,\text{kg/s}$$

9-32 $n_{\text{kr}} = 477\,\text{min}^{-1}$

Gl. 9-42: $A_{\max} = 0,0625\,\text{mm}$; Gesamtausschlag $2A$!

Gl. 9-35: $A = 1,28 \cdot 10^{-3}\,\text{mm}$ für $n = 2900\,\text{min}^{-1}$

$$A_{\max} \cdot \omega_0^2 \ll g \qquad A \cdot \omega_e^2 \ll g$$

Trägheitskräfte ohne Bedeutung

9-33 $c = 8,426 \cdot 10^5\,\text{N/m}$; $\quad n_{\text{kr}} = 124\,\text{min}^{-1}$

$A_{\max} = 0,16\,\text{mm}$ $\qquad A = 6,4\,\mu\text{m}$

9-34 a) $F = 2,47\,\text{kN}$ $\qquad$ b) $F = 16,7\,\text{N}$

$\quad F = m_e \cdot e \cdot \omega_e^2$ $\qquad\quad F = c \cdot A$

9-35 a) ungedämpfte Schwingung: $V_3 = \dfrac{\eta^2}{\pm(1 - \eta^2)}$

mit $\omega_0 = 223,6\,\text{s}^{-1}$; $\quad \omega_e = 188,5\,\text{s}^{-1}$; $\quad \eta = 0,84$

wird $A = \dfrac{m_e}{m} \cdot e \cdot \dfrac{\eta^2}{\pm(1 - \eta^2)} = 0,1\,\text{mm}$

b) Halbierung der Amplitude $A_n = 0,05\,\text{mm}$

$$A_n = \frac{m_e}{m} \cdot e \cdot \frac{\omega_e^2}{\omega_0^2} \cdot \frac{1}{\pm(1 - \eta^2)}$$

$$\eta_1 = \sqrt{1 - \frac{m_e \cdot e \cdot \omega_e^2}{c \cdot A_n}} = 0,65 \qquad \eta_2 = \sqrt{1 + \frac{m_e \cdot e \cdot \omega_e^2}{c \cdot A_n}} = 1,26$$

$\omega_{01} = 290,4\,\text{s}^{-1}$ $\qquad \omega_{02} = 150,0\,\text{s}^{-1}$

$m_1 = 1660,3\,\text{kg}$ $\qquad m_2 = 6220,3\,\text{kg}$

Massereduzierung $\Delta m = 1139,7\,\text{kg}$; Zusatzmasse $\Delta m = 3420,3\,\text{kg}$

9-36 Für die starre Lagerung in B:

$y_G = 0{,}025\,\text{cm}$ (nach Band 2, Tabelle 11)

$n_{\text{krit}\,1} = 1915\,\text{min}^{-1}$,

elastische Lagerung in B:

$n_{\text{krit2}} = 0{,}3 \cdot n_{\text{krit1}} = 574\,\text{min}^{-1}$ und damit

$y_2 = 0{,}273\,\text{cm}$

$y_f = y_2 - y_G = 0{,}249\,\text{cm}$

$y_B = 0{,}174\,\text{cm}$

$c = 338\,\dfrac{\text{N}}{\text{cm}}$

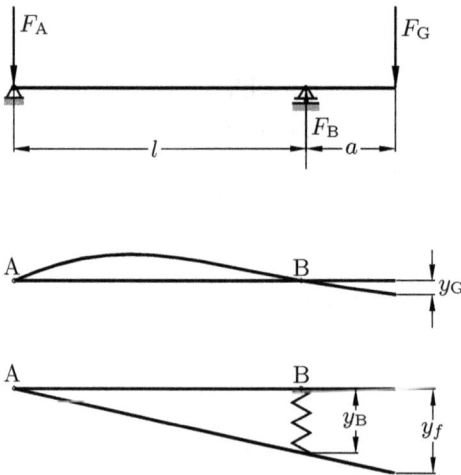

Abb. L9-36